特种设备现场安全监督检查
工 作 手 册

王镇　刘大鸿　周拥民　编著

中国质量标准出版传媒有限公司
中国标准出版社
北京

图书在版编目（CIP）数据

特种设备现场安全监督检查工作手册/王镇，刘大鸿，周拥民编著．—北京：中国质量标准出版传媒有限公司，2019.9（2020.3重印）

ISBN 978-7-5026-4733-9

Ⅰ.①特…　Ⅱ.①王…　②刘…　③周…　Ⅲ.①设备安全—安全管理—手册　Ⅳ.① X931–62

中国版本图书馆 CIP 数据核字（2019）第 169963 号

中国质量标准出版传媒有限公司
中　国　标　准　出　版　社　出版发行

北京市朝阳区和平里西街甲 2 号（100029）

北京市西城区三里河北街 16 号（100045）

网址：www.spc.net.cn

总编室：（010）68533533　发行中心：（010）51780238

读者服务部：（010）68523946

中国标准出版社秦皇岛印刷厂印刷

各地新华书店经销

*

开本 880×1230　1/32　印张 4.375　字数 109 千字

2019 年 9 月第一版　2020 年 3 月第三次印刷

*

定价：50.00 元

前　言

　　特种设备与经济社会发展息息相关，是国民经济建设的重要基础设备。特种设备安全运行，对于保障人民群众生命财产安全、促进经济社会又好又快发展具有重要的意义。

　　自 2014 年市县级政府机构改革以来，全国特种设备安全监察员的数量从 2013 年年底的 12491 人上升到 2018 年年底的 67591 人，增长 441%，基层监察人员数量大幅增加，监管力量得到充实。但新增加的基层监察人员由于从事特种设备安全监察年限短、专业不完全对口等原因，现场安全检查的经验还有所欠缺，队伍素质还不能完全适应安全监管的需要，基层监察人员发现问题、解决问题的能力还有待进一步提升。

　　《特种设备现场安全监督检查工作手册》系统地介绍了现场安全监督检查的类别、检查方式和程序、检查项目和要求，凝聚了经验丰富的监察员和专家的心血和智慧，可以帮助基层监察人员解决检查时的堵点、难点和痛点问题，是从事特种设备安全监管工作人员的参考用书。

　　此书的出版将有益于基层监察人员尽快提升现场检查水平，为保障经济社会健康运行和发展做出更大的贡献。

编者

2019 年 6 月

1

概　述

1.1　编制目的

为使特种设备安全监察员更有效地履行特种设备安全监察职责，规范特种设备现场安全监督检查工作，特编制本书。

1.2　编制依据

本书依据《中华人民共和国特种设备安全法》(以下简称《特种设备安全法》)、《特种设备安全监察条例》等法律法规，及《特种设备现场安全监督检查规则》和相关安全技术规范而编制。

2

特种设备现场监督检查程序与流程

2.1 检查程序

特种设备现场监督检查程序主要包括：出示证件、说明来意、现场检查、做出记录、交换检查意见、下达安全监察指令书、采取查封扣押措施等（见图 2-1）。

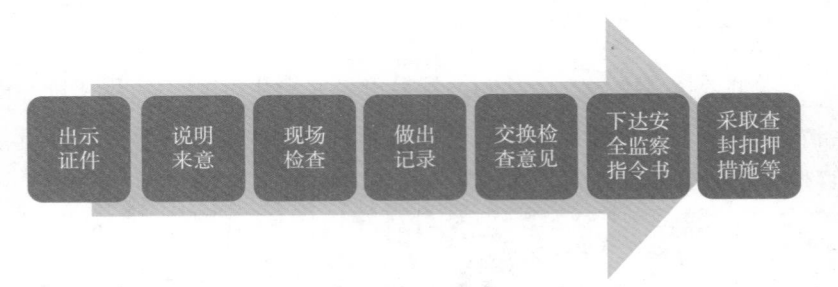

图 2-1 特种设备现场监督检查程序

2.2 检查流程

特种设备现场检查流程见图 2-2，其他应依照《特种设备现场安全监督检查规则》执行。

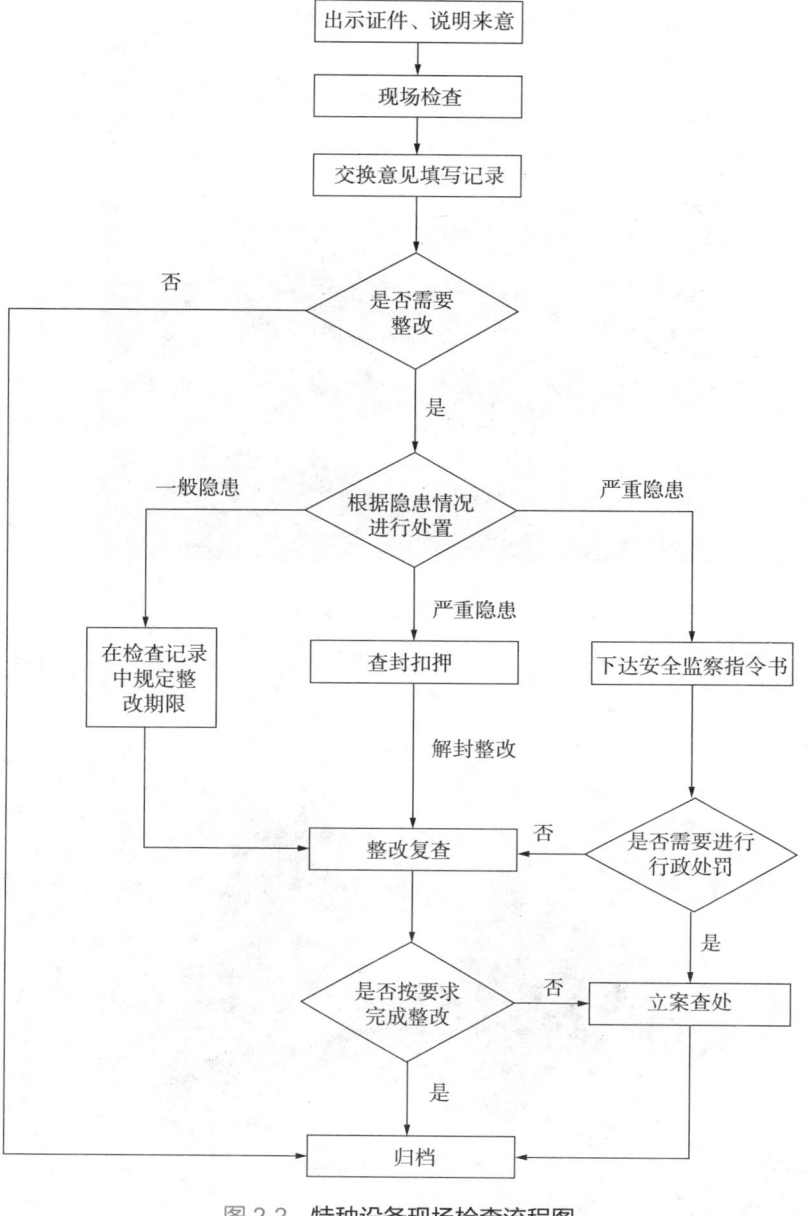

图 2-2　特种设备现场检查流程图

2.3 检查程序的要求

2.3.1 现场检查人员。由至少 2 名持证（见图 2-3）的特种设备安全监察员进行。

图 2-3 特种设备安全监察员证

2.3.2 现场检查装备。特种设备安全监察员在实施现场安全监督检查时，应配备必要的检查装备（见图 2-4）。

图 2-4 现场检查装备

2.3.3 整改及复查。检查提出整改要求的，要求整改时间不超过 30

天，检查人员应当在被检查单位提交整改报告后 5 个工作日之内，或者被检查单位未提交整改报告、整改期限届满后 3 个工作日之内对隐患整改情况进行复查。复查可以通过现场检查、材料核查等形式实施。

2.3.4　监察指令书。现场检查时发现违反《特种设备安全法》《特种设备安全监察条例》规定和安全技术规范要求的行为，或者特种设备存在事故隐患时，应当下达监察指令书。

2.3.5　查封或扣押。检查发现特种设备或其主要部件存在以下情形之一，应当予以查封或者扣押：

（1）使用非法生产的特种设备的；

（2）超过特种设备的规定参数范围使用的；

（3）使用应当予以报废的特种设备的；

（4）使用超期未检、经检验检测判为不合格且限期未整改的或复检不合格的特种设备的；

（5）有证据表明生产、经营、使用的特种设备或者其主要部件不符合安全技术规范要求的；

（6）使用经责令整改而未予整改的特种设备的；

（7）特种设备发生事故不予报告而继续使用的。

当场能够整改的，可以不予查封或扣押。对特种设备实施查封或扣押前，检查人员应当事先向本监管部门负责人报告，并取得同意。查封或扣押的期限不得超过 30 天。因案情复杂等情况，需要延长查封或扣押期限的，经监管部门负责人批准，可以延长，但是延长期限不得超过 30 天。

在用特种设备因连续性生产工艺及其他客观原因不能实施现场查封或扣押的，可由被检查单位在检查记录上说明情况，注明其间采取的保障安全措施，暂不实施查封或扣押并履行相关报告职责，待相应设备能够停用后，再予以查封或扣押。其间发生事故的，由被检查单位承担责任。

3

特种设备现场监督检查内容与要求

现场检查内容包括对使用单位安全管理情况和对设备安全状况的检查，具体按特种设备使用单位现场安全监督检查项目执行。其中，对在用特种设备安全状况的检查实行抽查方式，对一个使用单位，至少抽查 1 台（套）在用特种设备。

3.1 使用单位安全管理情况检查

3.1.1 特种设备使用单位现场安全监督检查项目

特种设备使用单位现场安全监督检查项目见表 3-1。

表 3-1 特种设备使用单位现场监督检查项目表

类别	检查项目	检查项目编号	检查内容
单位安全管理	机构及制度	1	是否设置安全管理机构或配备专兼职管理人员
		2	是否按规定建立安全管理制度和岗位安全责任制度
		3	是否制定事故应急专项预案并有演练记录
	设备档案	4	是否建立设备档案，档案是否齐全
		5	所抽查设备是否在定期检验有效期内
		6	所抽查的设备是否按规定进行日常维护保养或者定期自行检查并有记录
	人员档案	7	抽查安全管理人员和作业人员证件是否在有效期内
		8	是否有特种设备作业人员培训记录

3.1.2　检查内容与要求

（1）是否设置安全管理机构或配备专兼职管理人员。检查要求：特种设备使用单位应根据使用的设备种类设置相应的管理机构或者配备管理人员，其中电梯、客运索道、大型游乐设施等为公众提供服务的特种设备的运营使用单位，应当设置特种设备安全管理机构或者配备专职的特种设备安全管理人员；其他特种设备使用单位，应当根据情况设置特种设备安全管理机构，配备专职或者兼职的特种设备安全管理人员。

（2）是否按规定建立安全管理制度和岗位安全责任制度。检查要求：特种设备使用单位应当建立安全管理制度和岗位安全责任制度，制度应在相关部门张贴或保存，应便于管理人员和作业人员查阅。

（3）是否制定事故应急专项预案并有演练记录。检查要求：特种设备使用单位应根据使用的设备种类分别制定事故应急专项预案，对预案应定期演练并做好记录。

（4）是否建立设备档案，档案是否齐全。检查要求：特种设备使用单位应当建立设备档案，档案应涵盖所有在用特种设备。

档案内容应当包括：1）特种设备的设计文件、产品质量合格证明、安装及使用维护保养说明、监督检验证明等相关技术资料和文件；2）特种设备的定期检验和定期自行检查记录；3）特种设备的日常使用状况记录；4）特种设备及其附属仪器仪表的维护保养记录；5）特种设备的运行故障和事故记录。

（5）所抽查设备是否在定期检验有效期内。检查要求：查看抽查设备的检验报告，设备应在检验有效期内使用。

（6）所抽查的设备是否按规定进行日常维护保养或者定期自行检查并有记录。检查要求：查看使用单位设备维护保养或自行检查记录，其中电梯的维护保养必须由有资质的单位进行，其他设备的维护保养可以由使用单位或委托有资质的单位进行，具体见 3.2~3.9 检查要求。

（7）抽查安全管理人员和作业人员证件是否在有效期内。检查要求：查看使用单位管理人员和作业人员是否持有《中华人民共和国特种设备作业人员证》，证件项目应与从事的管理或作业项目相符，证件应在有效期内使用，具体证件项目代号见表 3-2。

表 3-2　特种设备作业人员资格认定种类与项目

序号	种类	作业项目	项目代号
1	特种设备安全管理	特种设备安全管理	A
2	锅炉作业	工业锅炉司炉	G1
		电站锅炉司炉	G2
		锅炉水处理	G3
3	压力容器作业	快开门式压力容器操作	R1
		移动式压力容器充装	R2
		氧舱维护保养	R3
4	气瓶作业	气瓶充装	P
5	电梯作业	电梯修理	T
6	起重机作业	起重机指挥	Q1
		起重机司机	Q2
7	客运索道作业	客运索道修理	S1
		客运索道司机	S2
8	大型游乐设施作业	大型游乐设施修理	Y1
		大型游乐设施操作	Y2
9	场（厂）内专用机动车辆作业	叉车司机	N1
		观光车和观光列车司机	N2
10	安全附件维修作业	安全阀校验	F
11	特种设备焊接作业	金属焊接操作	注
		非金属焊接操作	

注：按照特种设备焊接作业人员相关安全技术规范的规定执行。

（8）是否有特种设备作业人员培训记录。检查要求：查看使用单位的培训记录。除参加取证培训外，使用单位应对本单位的特种设备作业人员进行培训，培训应做好记录。

3.2　锅炉安全状况检查

3.2.1　锅炉使用单位现场安全监督检查项目

锅炉使用单位现场安全监督检查项目见表 3-3。

表 3-3　锅炉使用情况检查项目表

类别	检查项目	检查项目编号	检查内容
锅炉	作业人员	1	现场作业人员是否具有有效证件
	使用登记及检验标志	2	是否有使用登记证，是否在检验有效期内
	安全附件及安全保护装置	3	液位（面）计是否有最高、最低安全液位标记
		4	安全阀是否有有效的校验报告或标记
		5	压力表是否有有效的检定证书或标记
	运行情况	6	水位、压力是否在允许范围内
		7	是否及时填写运行记录
	水（介）质处理	8	是否有水（介）质化验记录和定期水质化验报告

3.2.2　定义

锅炉是指利用各种燃料、电或者其他能源，将所盛装的液体加热到一定的参数，并通过对外输出介质的形式提供热能的设备。其范围规定为设计正常水位容积大于或等于 30L，且额定蒸汽压力大于或等于 0.1MPa（表压）的承压蒸汽锅炉；出口水压大于或等于 0.1MPa

（表压），且额定功率大于或等于 0.1MW 的承压热水锅炉；额定功率
大于或等于 0.1MW 的有机热载体锅炉。锅炉示例见图 3-1。

图 3-1　锅炉示例

3.2.3　检查内容与要求

（1）现场作业人员是否具有有效证件。检查要求：1）查看现场
作业人员是否持有《中华人民共和国特种设备作业人员证》（示例见
图 3-2）；2）作业人员证应在有效期内使用；3）作业人员证的聘用记
录中"用人单位""聘用项目代号""聘用起止日期"应填写完整，法定
代表人一栏要签字或盖章；4）每班锅炉作业人员持证项目必须包括司
炉和水质处理，可以由同一作业人员同时持有司炉和水处理证，也可
以由该班的不同作业人员分别持有司炉和水处理证。

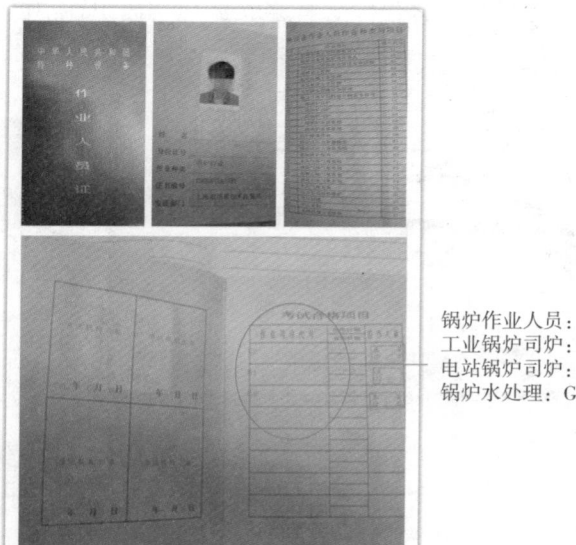

锅炉作业人员：
工业锅炉司炉：G1
电站锅炉司炉：G2
锅炉水处理：G3

法定代表人
签字或盖章

图 3-2　中华人民共和国特种设备作业人员证示例

（2）是否有使用登记证，是否在检验有效期内。检查要求：1）锅炉应办理特种设备使用登记证（见图 3-3）；2）使用登记证应悬挂或者固定在锅炉房或者集控室显著位置；3）使用登记证上应粘贴有效期内的检验标志（或特种设备使用登记标志在有效期内）。

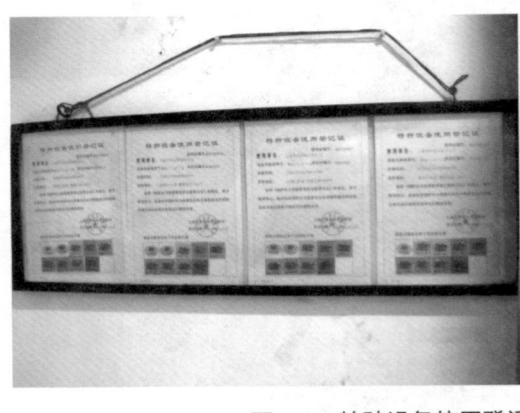

图 3-3 特种设备使用登记证示例

（3）液位（面）计是否有最高、最低安全液位标记。检查要求：1）锅炉液位计应完好，无破损；2）锅炉最高、最低安全液位标记应清晰（见图 3-4）。

高水位标记

中间水位标记

低水位标记

图 3-4 锅炉液位计示例

（4）安全阀是否有有效的校验报告或标记。检查要求：首先查看安全阀上的校验标记，校验标记应在有效期内，如果校验标记由于现场客观条件无法查看的，应查看安全阀校验报告，校验报告应在有效期内（见图3-5）。

安全阀
校验合格证

图 3-5　安全阀校验报告示例

（5）压力表是否有有效的检定证书或标记。检查要求：首先查看压力表上的检定标记（见图3-6），检定标记应在有效期内，如果检定标记由于现场客观条件无法查看，应查看压力表检定证书（见图 3-7），检定证书应在有效期内。

图 3-6　压力表示例

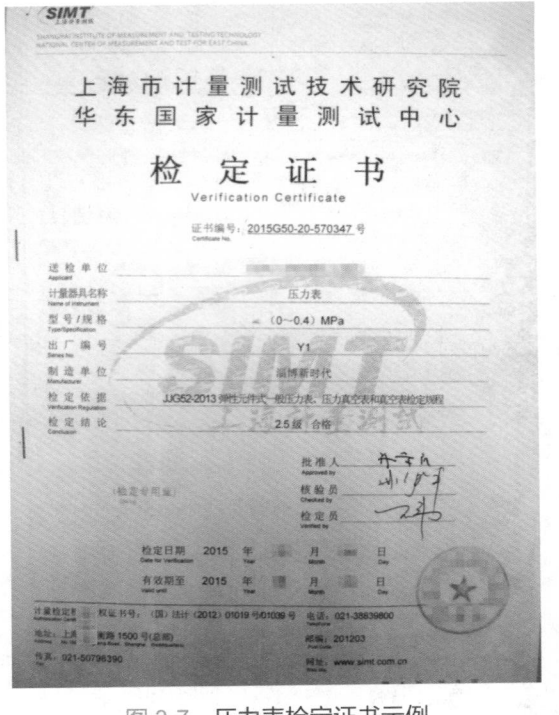

图 3-7　压力表检定证书示例

（6）水位、压力是否在允许范围内。检查要求：1）查看锅炉液位计（见图 3-8），显示的水位应在最高、最低水位之间；2）查看锅炉本体上的压力表，将压力表显示的压力与锅炉检验报告内的允许工作压力对比，压力表显示压力应等于或低于允许工作压力（见图 3-9）。

图 3-8　锅炉液位计示例

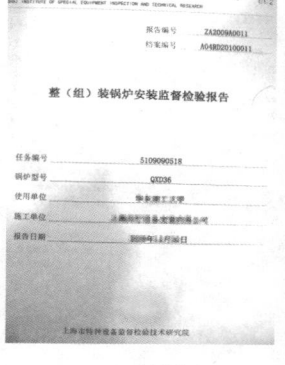

a）封面

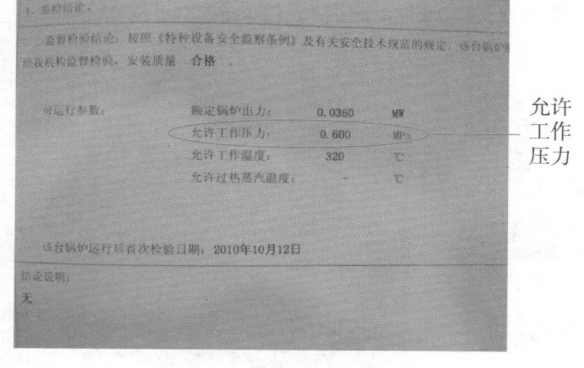

b）结论

图 3-9　锅炉检验报告示例

（7）是否及时填写运行记录。检查要求：1）查看使用单位是否对锅炉运行情况进行记录（见图3-10）；2）运行记录内容必须包括锅炉压力；3）运行记录填写应与实际使用情况相符，记录时间不提前、不延后；4）锅炉运行过程中发现的隐患及处置的情况应做好记录；5）作业人员交接班应签名确认。

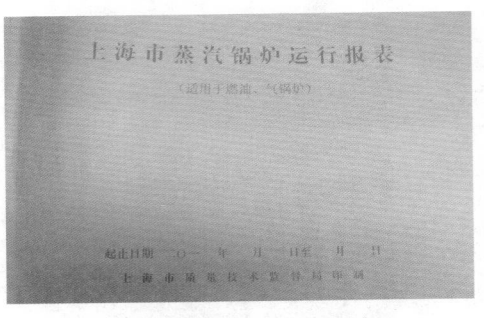

图3-10　锅炉运行情况记录表示例

（8）是否有水（介）质化验记录和定期水质化验报告。检查要求：1）查看使用单位是否有水（介）质化验记录（见图3-11）和定期水质化验报告（图3-12）；2）对于锅炉总额定蒸发量大于或等于1t/h的蒸汽锅炉、锅炉总额定热功率大于或等于0.7MW的热水锅炉的使用单位，每班至少进行1次水质记录分析。

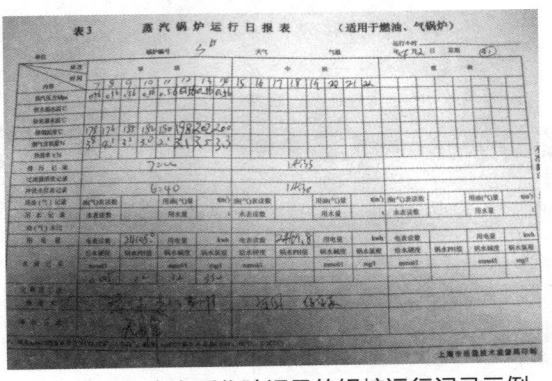

图3-11　包含水质化验记录的锅炉运行记录示例

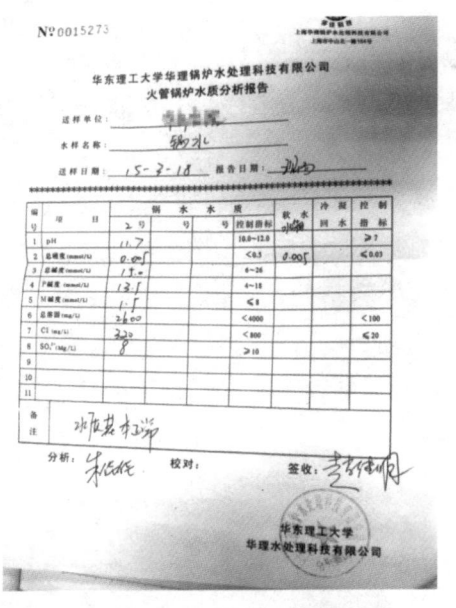

图 3-12　水质化验报告示例

3.3　压力容器安全状况检查

3.3.1　压力容器使用单位现场安全监督检查项目

压力容器使用单位现场安全监督检查项目见表 3-4。

表 3-4　压力容器使用情况检查项目表

类别	检查项目	检查项目编号	检查内容
压力容器	作业人员	1	现场作业人员是否具有有效证件
	使用登记及检验标志	2	是否有使用登记证，是否在检验有效期内
	安全附件及安全保护装置	3	安全阀是否有有效的校验报告或标记
		4	压力表是否有有效的检定证书或标记
	年度检查情况	5	是否按规定进行年度检查（查看该台设备的年度检查报告）

3.3.2 定义

压力容器是指盛装气体或者液体，承载一定压力的密闭设备。其范围规定为最高工作压力大于或等于 0.1MPa（表压）的气体、液化气体和最高工作温度高于或等于标准沸点的液体、容积大于或等于 30L 且内直径（非圆形截面指截面内边界最大几何尺寸）大于或等于 150mm 的固定式容器和移动式容器；盛装公称工作压力大于或等于 0.2MPa（表压），且压力与容积的乘积大于或等于 1.0MPa·L 的气体、液化气体和标准沸点等于或低于 60℃液体的气瓶；氧舱。压力容器示例见图 3-13。

a）液氧储槽　　　　　　　　　　b）分汽包

c）夹层锅　　　　　　　　　　d）氧舱

图 3-13　压力容器示例

3.3.3 检查内容与要求

（1）现场作业人员是否具有有效证件。检查要求：1）查看现场作业人员是否持有《中华人民共和国特种设备作业人员证》（示例见图3-14）；2）作业人员证应在有效期内使用；3）作业人员证的聘用记录中"用人单位""聘用项目代号""聘用起止日期"应填写完整，法定代表人一栏要签字或盖章；4）压力容器作业人员持证项目必须与从事的工作对应。

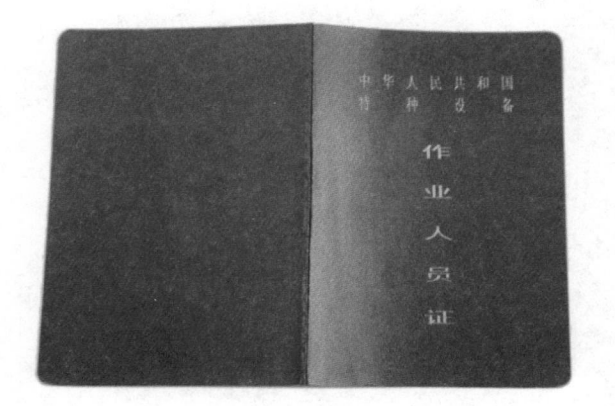

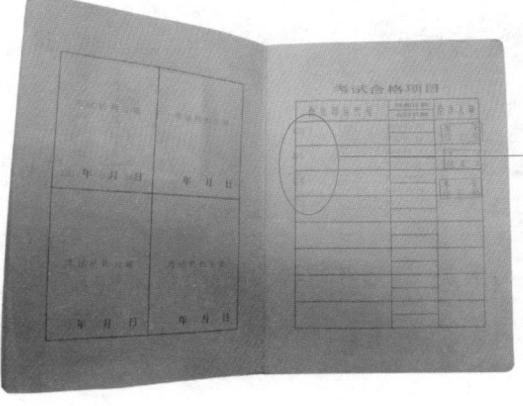

压力容器作业人员
主要项目代号：
快开门式压力
容器操作：R1
移动式压力容器充装：R2
氧舱维护保养：R3

图 3-14　中华人民共和国特种设备作业人员证示例

（2）是否有使用登记证，是否在检验有效期内。检查要求：1）压力容器应办理特种设备使用登记证（见图 3-15）；2）使用登记证应悬挂或者固定在压力容器显著位置，当无法悬挂或者固定时，可存放在使用单位的安全技术档案中，同时将使用登记证编号标注在压力容器产品铭牌或者其他可见部位；3）使用登记证上应粘贴有效期内的检验标志（或使用登记标志在有效期内）。

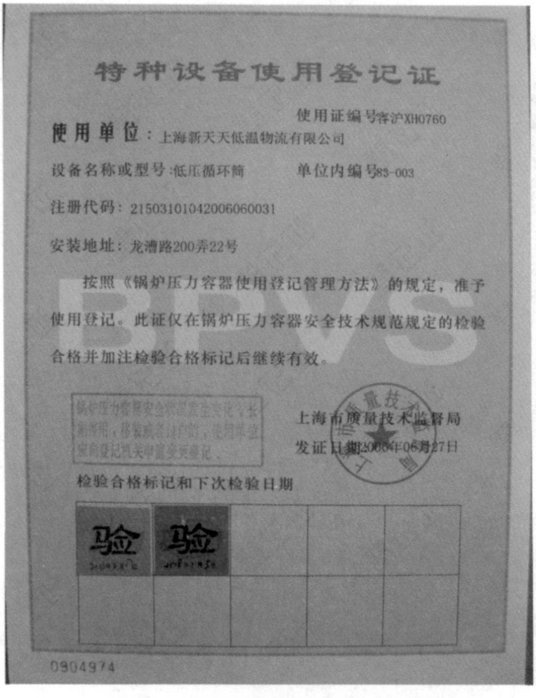
特种设备使用登记证

使用证编号容沪XH0760

使用单位：上海新天天低温物流有限公司

设备名称或型号：低压循环筒　　单位内编号83-003

注册代码：21503101042006060031

安装地址：龙漕路200弄22号

按照《锅炉压力容器使用登记管理方法》的规定，准予使用登记。此证仅在锅炉压力容器安全技术规范规定的检验合格并加注检验合格标记后继续有效。

上海市质量技术监督局

发证日期2006年06月27日

检验合格标记和下次检验日期

验

验

0904974

图 3-15　特种设备使用登记证示例

（3）安全阀是否有有效的校验报告或标记。检查要求：首先查看安全阀上的校验标记（见图 3-16），校验标记应在有效期内，如果校验标记由于现场客观条件无法查看的，应查看安全阀校验报告，校验报告应在有效期内。

安全阀

图 3-16　压力容器顶部的安全阀示例

（4）压力表是否有有效的检定证书或标记。检查要求：首先查看压力表上的检定标记，检定标记应在有效期内，如果检定标记由于现场客观条件无法查看的，应查看压力表检定证书，检定证书应在有效期内。图 3-17 是压力容器上的压力表示例。

压力表

图 3-17　压力容器上的压力表示例

（5）是否按规定进行年度检查。检查要求：查看设备的年度检查报告（见图 3-18），对使用的压力容器应每年至少进行 1 次年度检查，年度检查工作可以由使用单位安全管理人员组织经过专业培训的作业人员进行，也可以委托有资质的特种设备检验机构进行，年度检查报告应当有人员签字、单位盖章。

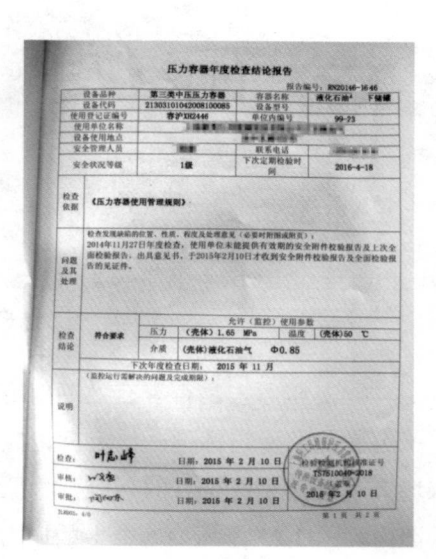

a）封面　　　　　　　b）结论页

图 3-18　压力容器年度检查报告示例

3.4　压力管道安全状况检查

3.4.1　压力管道使用单位现场安全监督检查项目

压力管道使用单位现场安全监督检查项目见表 3-5。

表 3-5　压力管道使用情况检查项目表

类别	检查项目	检查项目编号	检查内容
压力管道	作业人员	1	现场作业人员是否按规定具有有效证件
	使用登记及检验标志	2	是否有使用登记证，是否在检验有效期内
	安全附件及安全保护装置	3	安全阀是否有有效的校验报告或标记
		4	压力表是否有有效的检定证书或标记
	运行情况	5	是否有运行、检修和日常巡检记录
	年度检查	6	是否开展年度检查

3.4.2　定义

　　压力管道是指利用一定的压力，用于输送气体或者液体的管状设备。其范围规定为最高工作压力大于或等于 0.1MPa（表压），介质为气体、液化气体、蒸汽或者可燃、易爆、有毒、有腐蚀性、最高工作温度高于或等于标准沸点的液体，且公称直径大于或等于 50mm 的管道。公称直径小于 150mm，且其最高工作压力小于 1.6MPa（表压）的输送无毒、不可燃、无腐蚀性气体的管道和设备本体所属管道除外。其中，石油天然气管道的安全监督管理还应按照《安全生产法》《石油天然气管道保护法》等法律法规实施。图 3-19 是压力管道示例。

图 3-19　压力管道示例

3.4.3　检查内容与要求

（1）现场作业人员是否具有有效证件。根据 2019 年 6 月 1 日起实施的《特种设备作业人员资格认定分类与项目》和总局办公厅《关于特种设备行政许可有关事项的实施意见》（市监特［2019］32 号），压力管道作业人员无取证要求。

（2）是否有使用登记证，是否在检验有效期内。检查要求：压力管道使用单位应按单位办理特种设备使用登记证（见图 3-20）。

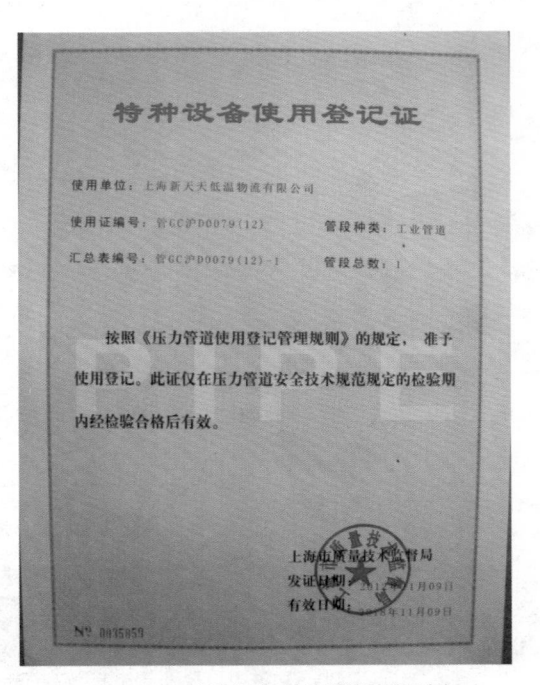

图 3-20　特种设备使用登记证示例

（3）安全阀是否有有效的校验报告或标记。检查要求：首先查看安全阀上的校验标记，校验标记应在有效期内，如果校验标记由于现场客观条件无法查看的，应查看安全阀校验报告，校验报告应在有效期内。

（4）压力表是否有有效的检定证书或标记。检查要求：首先查看压力表上的检定标记（见图 3-21），检定标记应在有效期内，如果检定标记由于现场客观条件无法查看的，应查看压力表检定证书，检定证书应在有效期内。

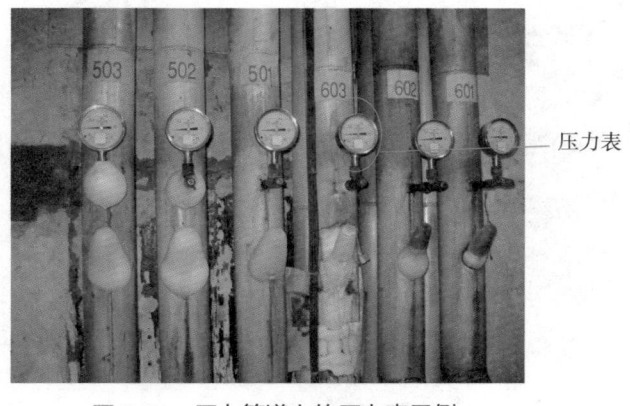
压力表

图 3-21　压力管道上的压力表示例

（5）是否有运行、检修和日常巡检记录。检查要求：查看记录，使用单位应当建立压力管道运行、检修和日常巡检记录（见图 3-22）。

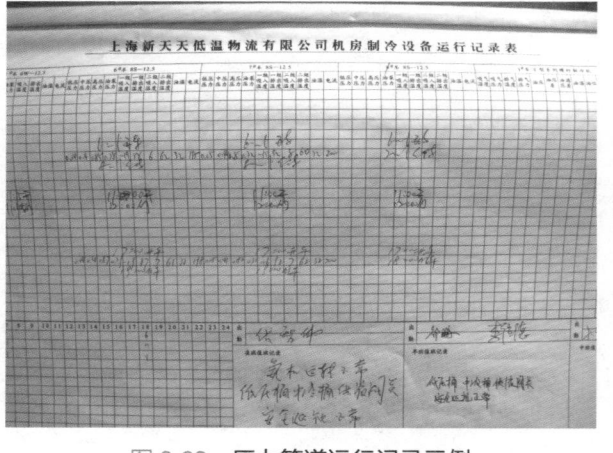

上海新天天低温物流有限公司机房制冷设备运行记录表

图 3-22　压力管道运行记录示例

（6）是否开展年度检查。检查要求：查看年度检查报告（见图3-23），年度检查由使用单位进行，使用单位也可将年度检查工作委托给具有压力管道检验资格的机构，年度检查主要检查管道在运行条件下是否有影响安全的异常情况，一般以外观检查和安全保护装置检查为主，必要时进行壁厚测定和电阻值测量。年度检查每年至少1次。

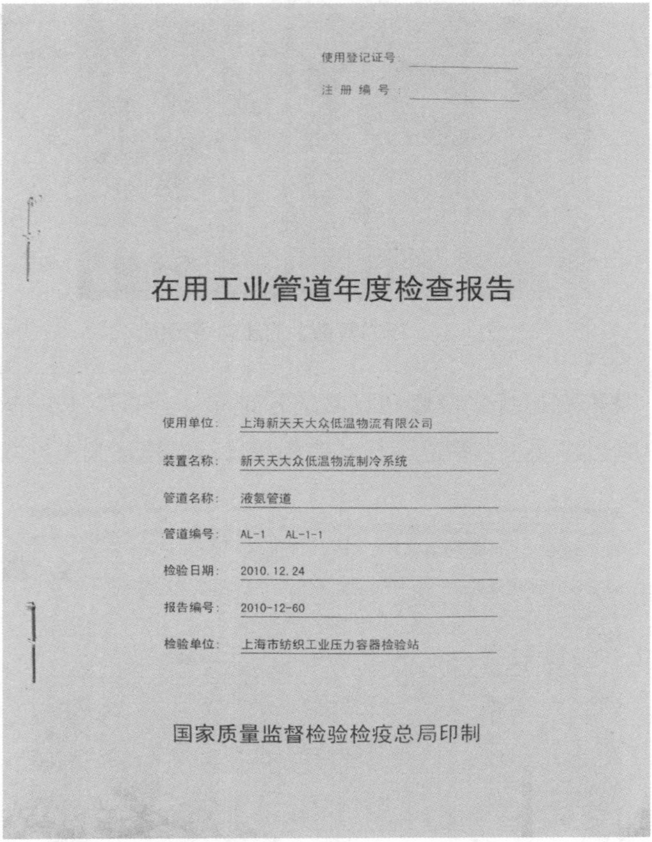

使用登记证号 _____

注 册 编 号 _____

在用工业管道年度检查报告

使用单位：上海新天天大众低温物流有限公司

装置名称：新天天大众低温物流制冷系统

管道名称：液氨管道

管道编号：AL-1　AL-1-1

检验日期：2010.12.24

报告编号：2010-12-60

检验单位：上海市纺织工业压力容器检验站

国家质量监督检验检疫总局印制

图 3-23　压力管道年度检查报告示例

3.5 电梯安全状况检查

3.5.1 电梯使用单位现场安全监督检查项目

电梯使用单位现场安全监督检查项目见表3-6。

表3-6 电梯使用情况检查项目表

类别	检查项目	检查项目编号	检查内容
电梯	作业人员	1	现场作业人员是否具有有效证件
	使用登记及警示标记	2	是否有使用登记标志,并按规定固定在电梯的显著位置;是否在下次检验期限内
		3	安全注意事项和警示标志是否置于易于为乘客注意的显著位置
	安全装置	4	电梯内设置的报警装置是否可靠,联系是否畅通
		5	抽查呼层、楼层等显示信号系统功能是否有效,指示是否正确
		6	门防夹保护装置是否有效
		7	自动扶梯和自动人行道入口处急停开关是否有效
		8	限速器校验报告是否在有效期内
	维保情况	9	是否有有效的维保合同,维保资质及人员资质是否满足要求
		10	是否有维保记录,并经安全管理人员签字确认;维保周期是否符合规定

3.5.2 定义

电梯是指动力驱动,利用沿刚性导轨运行的箱体或者沿固定线路运行的梯级(踏步),进行升降或者平行运送人、货物的机电设备,包括载人(货)电梯、自动扶梯、自动人行道等。非公共场所安装且仅供单一家庭使用的电梯除外。图 3-24 是电梯示例。

a）载人电梯（病床电梯）

b）自动扶梯

图 3-24　电梯示例

3.5.3　检查内容与要求

（1）现场作业人员是否具有有效证件。检查要求：1）查看现场作业人员是否持有《中华人民共和国特种设备作业人员证》（示例见图3-25）；2）作业人员证应在有效期内使用；3）作业人员证的聘用记录中"用人单位""聘用项目代号""聘用起止日期"应填写完整，法定代表人一栏要签字或盖章；4）电梯作业人员持证项目必须与从事的工作对应。

　　注：根据总局办公厅《关于特种设备行政许可有关事项的实施意见》（市监特〔2019〕32号），电梯司机无取证要求。

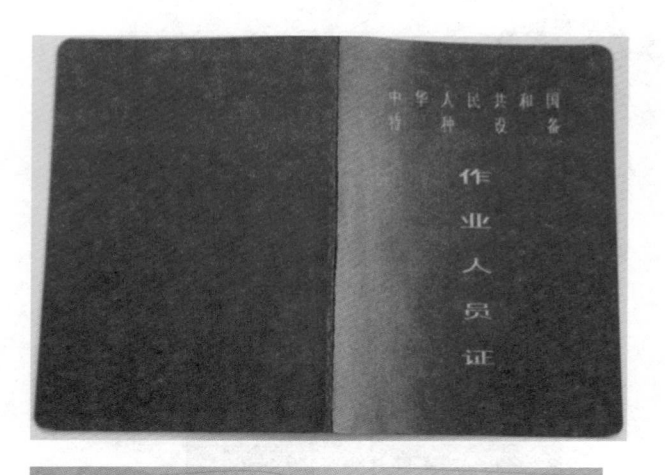

电梯作业人员
主要项目代号：
电梯修理：T

图 3-25　中华人民共和国特种设备作业人员证示例

（2）是否有使用登记标志，并按规定固定在电梯的显著位置，是否在下次检验期限内。检查要求：1）电梯应有使用登记标志（见图 3-26）；2）电梯使用登记标志应固定在电梯的显著位置；3）电梯应在下次检验有效期内使用。

a）电梯使用标志

b）张贴在轿厢内的电梯使用标志

图 3-26　电梯使用标志示例

　（3）安全注意事项和警示标志是否置于易于为乘客注意的显著位置。检查要求：1）在用电梯应在乘客易于注意的显著位置设置安全注意事项和警示标志（见图3-27）；2）载人和载货电梯一般置于电梯轿厢内，杂物电梯一般置于电梯层门旁，自动扶梯和自动人行道一般置于入口和出口。

a）安全注意事项　　　　　b）张贴在轿厢内的安全注意事项

图 3-27　安全注意事项示例

（4）电梯内设置的报警装置是否可靠，联系是否畅通。检查要求：试验电梯内的报警装置（见图3-28），报警装置应畅通并能有效应答。

a）嵌入式报警装置　　　　　b）外挂式报警装置

图 3-28　报警装置示例

（5）抽查呼层、楼层等显示信号系统功能是否有效，指示是否正确。检查要求：查看电梯的呼层和楼层显示信号系统（见图 3-29），系统应能正确显示，液晶显示屏无缺笔画现象。

a）电梯轿厢内的楼层显示系统

b）电梯外部楼层显示系统

c）电梯呼层显示系统

图 3-29　**电梯显示信号系统示例**

（6）门防夹保护装置是否有效。检查要求：试验电梯门防夹保护装置（见图 3-30），门防夹保护装置应能正常动作。

门防夹装置：光幕

图 3-30　门防夹装置示例

（7）自动扶梯和自动人行道入口处急停开关（见图 3-31）是否有效。检查要求：检查时要求维保单位或使用单位作业人员进行操作，急停开关按下时，自动扶梯和自动人行道应停止运行。

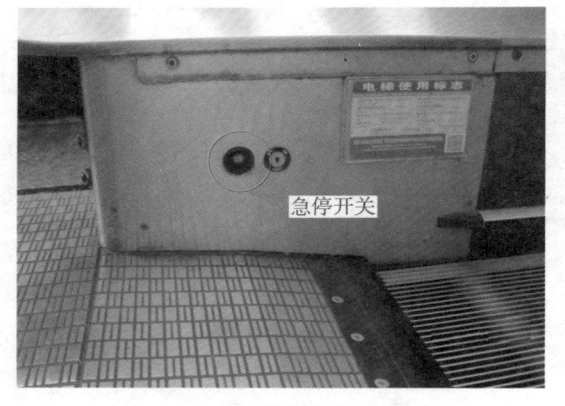

图 3-31　自动扶梯急停开关示例

（8）限速器校验报告是否在有效期内。检查要求：查看限速器校验报告（见图 3-32），报告应在有效期内，对于无法提供限速器校验报告的，可以查看限速器上的校验标记，对使用年限不超过 15 年的限速器应当每两年校验一次，对使用年限超过 15 年的限速器应当每年校验一次。

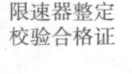

限速器整定
校验合格证

a）限速器

b）限速器校验标记

图 3-32　限速器校验报告示例

（9）是否有有效的维保合同，维保资质及人员资质是否满足要求。检查要求：查看电梯维保合同（见图 3-33）、核对维保单位和维保人员资质，电梯维保合同应在有效期内，维保单位和维保人员均应具备相应资质。

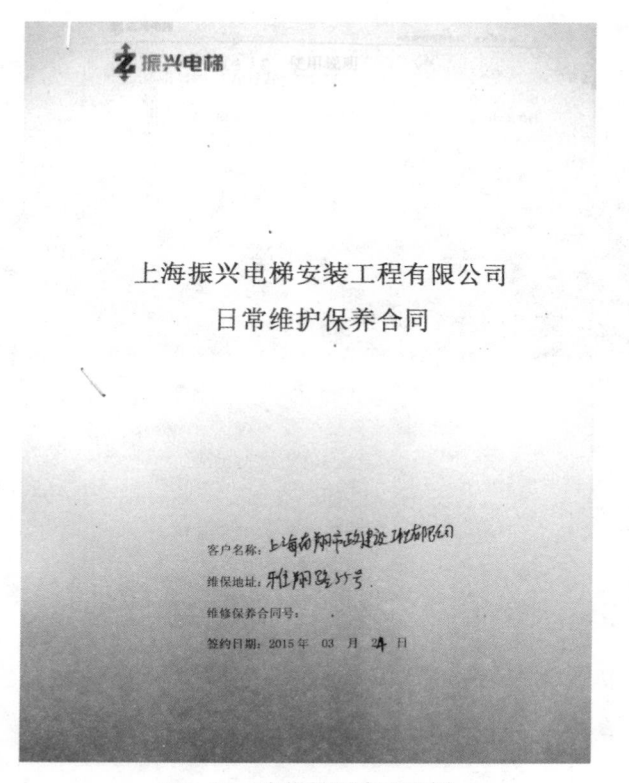

图 3-33　电梯维保合同示例

（10）是否有维保记录，并经安全管理人员签字确认，维保周期是否符合规定。检查要求：查看维保记录（见图 3-34）。1）维保记录应由维保人员填写并由使用单位安全管理人员签字确认；2）电梯应至少半月维保一次（按需维保除外）。

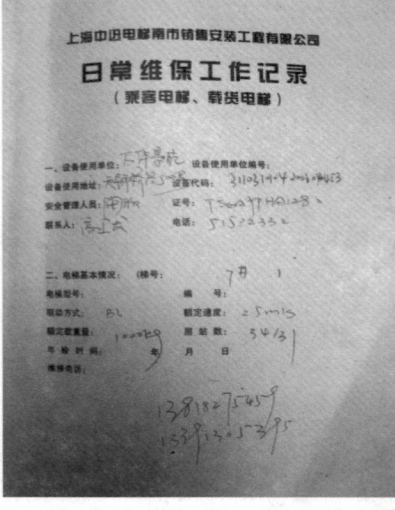
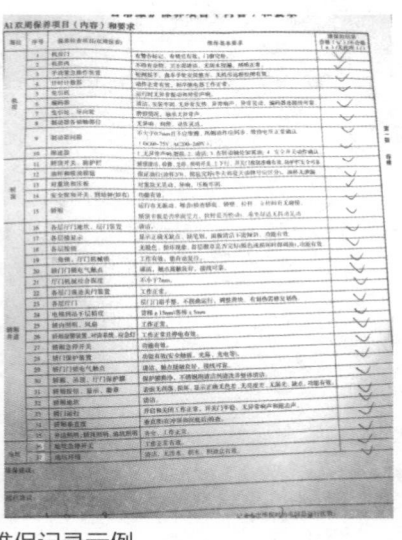

图 3-34　电梯维保记录示例

3.6　起重机械安全状况检查

3.6.1　起重机械使用单位现场安全监督检查项目

起重机械使用单位现场安全监督检查项目见表 3-7。

表 3-7　起重机械使用情况检查项目表

类别	检查项目	检查项目编号	检查内容
起重机械	作业人员	1	现场作业人员是否具有有效证件
	使用登记及警示标志	2	是否有使用登记证，是否有安全检验合格标志并按规定固定在显著位置，是否在检验有效期内
		3	是否有必要的使用注意事项提示牌、吨位标识
	安全装置	4	运行警示铃、紧急停止开关是否有效
	维保状况	5	抽查检修记录是否及时填写

3.6.2　定义

　　起重机械是指用于垂直升降或者垂直升降并水平移动重物的机电设备。其范围规定为额定起重量大于或等于 0.5t 的升降机；额定起重量大于或等于 3t（或额定起重力矩大于或等于 40t·m 的塔式起重机，或生产率大于或等于 300t/h 的装卸桥），且提升高度大于或等于 2m 的起重机；层数大于或等于 2 层的机械式停车设备。图 3-35 是起重机械示例。

a）室内使用的起重机械

b）室外使用的起重机械

c）立体车库

图 3-35　起重机械示例

3.6.3 检查内容与要求

（1）现场作业人员是否具有有效证件。检查要求：1）查看现场作业人员是否持有《中华人民共和国特种设备作业人员证》（示例见图3-36）；2）作业人员证应在有效期内使用；3）作业人员证的聘用记录中"用人单位""聘用项目代号""聘用起止日期"应填写完整，法定代表人一栏要签字或盖章；4）起重机械作业人员持证项目必须与从事的工作对应。

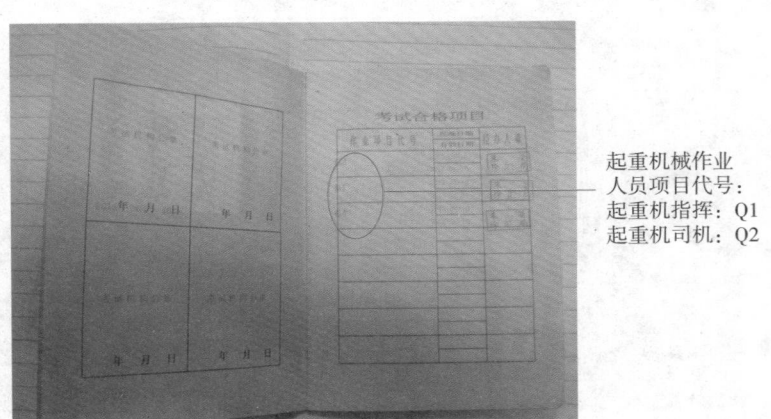

起重机械作业人员项目代号：
起重机指挥：Q1
起重机司机：Q2

图3-36　中华人民共和国特种设备作业人员证示例

（2）是否有使用登记证，是否有安全检验合格标志并按规定固定在显著位置，是否在检验有效期内。检查要求：查看使用现场。1）起重机械应按安全技术规范要求办理使用登记证；2）起重机械的安全检验合格标志（见图3-37）应固定在显著位置；3）安全检验合格标志应在有效期内。

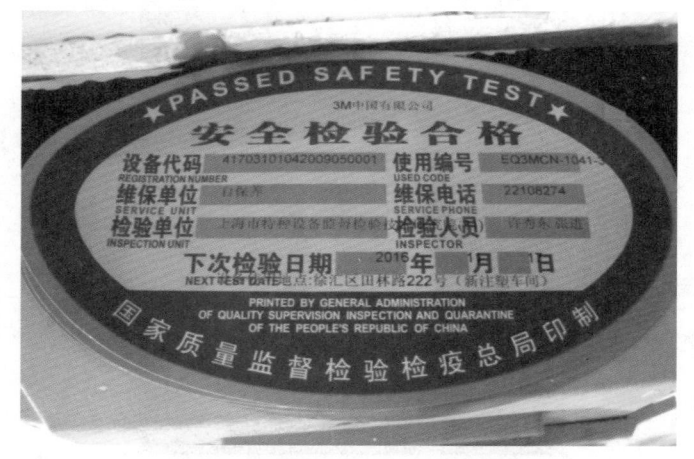

a）圆形安全检验合格标志（使用手柄操作的起重机械）

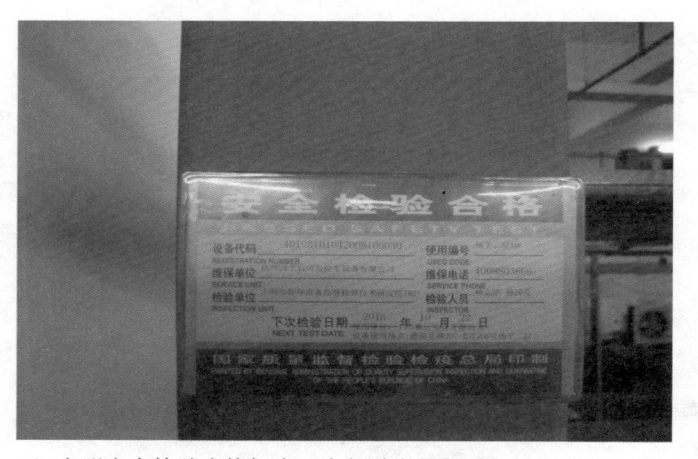

b）方形安全检验合格标志（有驾驶室的起重机械、立体车库）

图 3-37　安全检验合格标志示例

（3）是否有必要的使用注意事项提示牌、吨位标识。检查要求：查看使用现场，起重机械应按照安全技术规范要求设置使用注意事项提示牌（见图 3-38）、吨位标识（见图 3-39）。

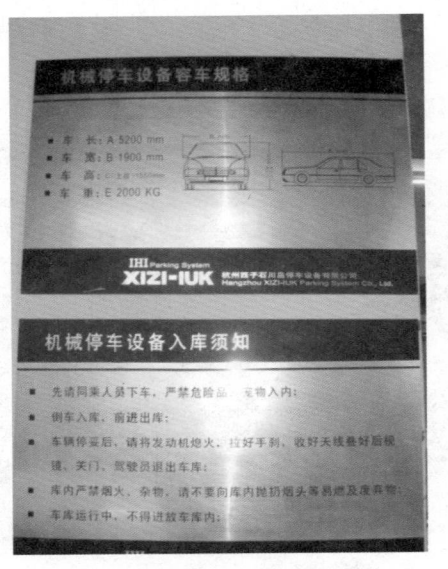

图 3-38　使用注意事项提示牌示例

图 3-39　喷涂在横梁上的吨位标识示例

（4）运行警示铃、紧急停止开关是否有效。检查要求：持证的起重机械操作人员现场操作。1）运行时警示铃应正常工作；2）紧急停止开关按下时，起重机械应立即停止运行。运行警示铃、紧急停止开关示例见图 3-40。

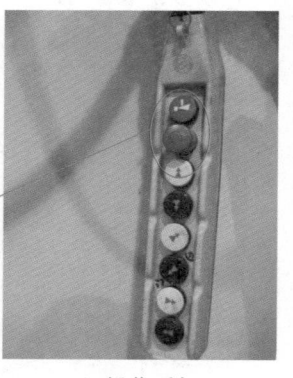

a）运行警示铃　　　　　　　　b）操作手柄

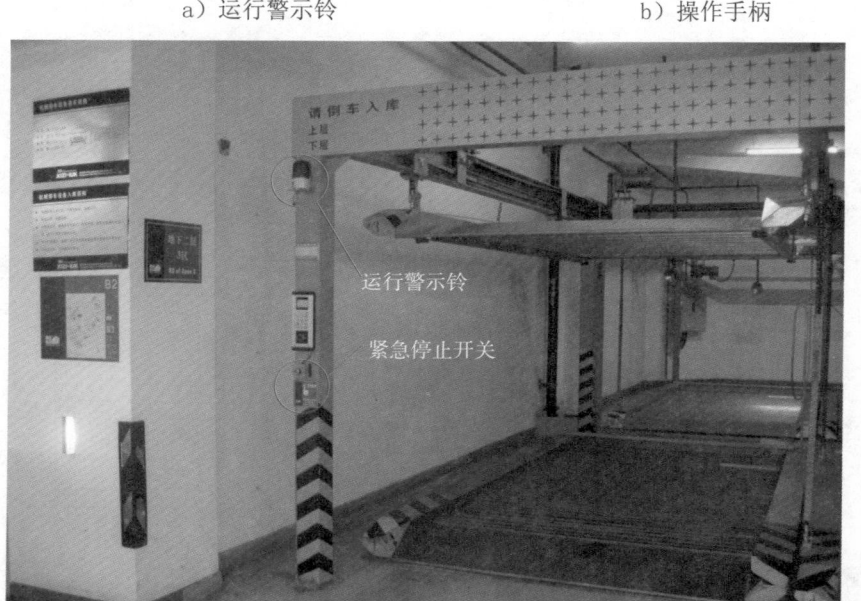

c）立体车库运行警示铃、紧急停止开关

图 3-40　运行警示铃、紧急停止开关示例

（5）抽查检修记录是否及时填写。检查要求：查看起重机械检修记录（见图 3-41），检修周期应符合安全技术规范要求。

3M CHJ工厂行车检查工作单

序号	检查类别	检验项目	周期	检验结果	备注
	车编号	电动单梁悬挂起重机 EQ3MCN-1003-01	行车所在位置	810#1F_VT 涂布车间	
	工作日期		验收者		
	标定锁定执行	是 ☑ 否 □			
1	自我检查	是否已开施工单, 登高证	月	已开	
2		是否符合PPE佩戴要求, 施工条件确认（辅助工具合格否）	月	合格	
3		施工人员资质（电工证, 特种设备操作证, 3M培训人员）	月	合格	
4		检查工具登记记录	月	记录	
5		施工区域标识, 及与现场领班通知确认	月	确认	
6	作业环境及外观	起重量和检验合格标志	月	合格	
7		危险部位安全标志（吊钩上的黄黑线）	月	合格	
8	金属结构	主要受力结构件连接状况是否完好（包括大梁）	半年		
9		轨道压板螺栓, 行车紧固连接螺栓是否完好有效	半年		
10		防撞块的焊接点强度是否完好	半年		
11		导轨磨损检查（导轨取三点用千分尺测量, 磨损值≤10%设计值）	半年		
12		吊链允许的磨损值不能超过圆环链棒料直径或链具厚度的10%	半年		
13		大车轮磨损检查（轮缘磨损量不超过原厚度的50%或踏面磨损不超过原厚度的15%）	半年		
14	主要零部件与机构	吊钩放窄下限位置进行钢丝绳外观检查（断丝数＜钢丝总数的4%）	月	合格<4%	
15		吊钩标记和防脱装置是否完好	月	完好	
16		吊钩裂纹和危险断面磨损状况检查	月	正常	
17		钢丝绳模块的固定是否完好	半年		
18		滑轮及滑轮防脱槽是否有缺陷	半年		
19		行车轮及导轨是否明显磨损	半年		
20		导绳器检查, 包括牢固性检查, 运行检查无跳绳现象	月	无	
21		设备运行时, 制动器工作是否可靠	月	正常	
22		减速器工作状况是良好, 无异常现象（无异响）	半年		
23		开启式齿轮啮合与缺损状况检查	半年		
24	电气	电气设备及元件外观检查, 是否损坏（手柄按钮）	月	正常	
25		电源灯检查	月	正常	
26		线路绝缘电阻检查（测量数值）（>2M）	半年		
27		检查轨道上移动电缆线夹具是否牢固有效	半年		
28		电源隔离开关是否正常	月	正常	
29		失压保护装置动作是否正常	月	正常	
30		便携式控制装置及支撑绳是否完好（包括遥控器）	月	完好	
31		电气设备接地线连接是否完好	月	完好	
32	安全装置及防护措施	高度限位器, 并动作正常	月	正常	
33		所有鱼尾, 防护罩紧固装置是否正确连接, 并紧固	月	正常	
34		所有盒前防坠锁链是否已紧固连接, 并有效	月	有效	
35		防撞块橡皮目测检查, 是否完好	月	完好	
36		行车装置上无遗留物品检查	月	无	
37		行程限位器是否完好, 并动作正常	月	完好	
38		起重量限制器显示是否正常	月	正常	
39		急停电源开关是否有效	月	有效	
维修结论及零件更换记录					
工作者			时间		

图 3-41　起重机械检修记录示例

3.7 客运索道安全状况检查

3.7.1 客运索道使用单位现场安全监督检查项目

客运索道使用单位现场安全监督检查项目见表3-8。

表3-8 客运索道使用情况检查项目表

类别	检查项目	检查项目编号	检查内容
客运索道	作业人员	1	现场作业人员是否具有有效证件
	使用登记及警示标志	2	是否有安全检验合格标志，并按规定固定在显著位置，是否在检验有效期内
		3	进站口是否设乘客安全注意事项，站台是否按规定设上下车线、禁止线等安全标志
		4	吊篮、吊箱内是否有安全说明
	安全装置	5	站房之间是否有专用电话，并至少有一条外线电话，是否能保持通讯可靠；沿线广播是否可以及时通知乘客应注意事项
	应急救援	6	是否有应急救援装备
	运行情况	7	抽查运行、检修记录是否及时填写

3.7.2 定义

客运索道是指动力驱动，利用柔性绳索牵引箱体等运载工具运送人员的机电设备，包括客运架空索道、客运缆车、客运拖牵索道等。非公用客运索道和专用于单位内部通勤的客运索道除外。图3-42是客运索道的示例。

图 3-42　客运索道示例

3.7.3　检查内容与要求

（1）现场作业人员是否具有有效证件。检查要求：1）查看现场作业人员是否持有《中华人民共和国特种设备作业人员证》（示例见图3-43）；2）作业人员证应在有效期内使用；3）作业人员证的聘用记录中"用人单位""聘用项目代号""聘用起止日期"应填写完整，法定代表人一栏要签字或盖章；4）客运索道作业人员持证项目必须与从事的工作对应。

（2）是否有安全检验合格标志，并按规定固定在显著位置，是否在检验有效期内。检查要求：查看使用现场。1）客运索道应按安全技术规范要求办理使用登记证和标志（见图3-44）；2）客运索道的安全检验合格标志应固定在显著位置；3）安全检验合格标志应在有效期内。

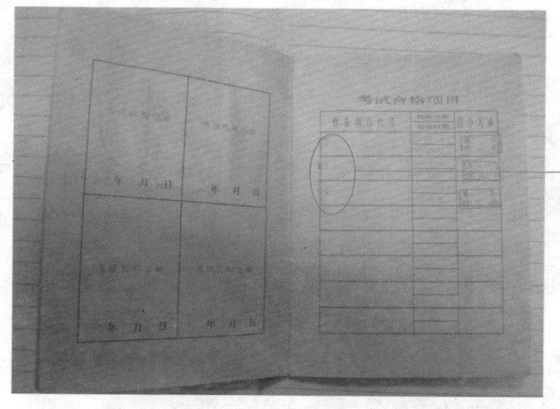

客运索道作业人员主要项目代号：客运索道修理：S1 客运索道司机：S2

图 3-43　中华人民共和国特种设备作业人员证示例

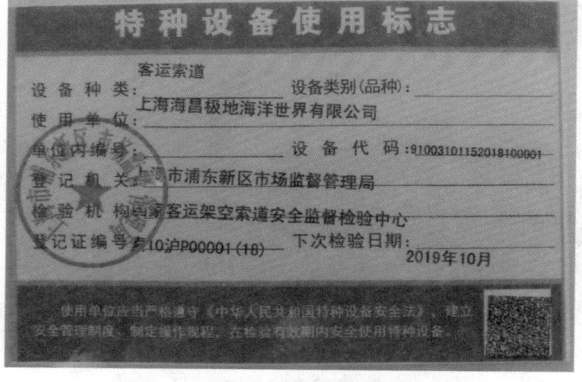

图 3-44　特种设备使用标志示例

（3）进站口是否设乘客安全注意事项，站台是否按规定设上下车线、禁止线等安全标志。检查要求：查看使用现场，应按规定在进站口设乘客安全注意事项，在站台设上下车线、禁止线等安全标志（见图3-45）。

a）进口处的指示牌

b）安全注意事项

c）上车线

图 3-45　安全标志示例

（4）吊篮、吊箱内是否有安全说明。检查要求：查看使用现场，吊篮、吊箱内应有安全说明（见图 3-46）。

图 3-46　吊篮内的安全说明（警示标志）示例

（5）站房之间是否有专用电话，并至少有一条外线电话，是否能保持通讯可靠；沿线广播是否可以及时通知乘客应注意事项。检查要求：查看使用现场，是否有符合要求的专用电话和广播（见图3-47）。

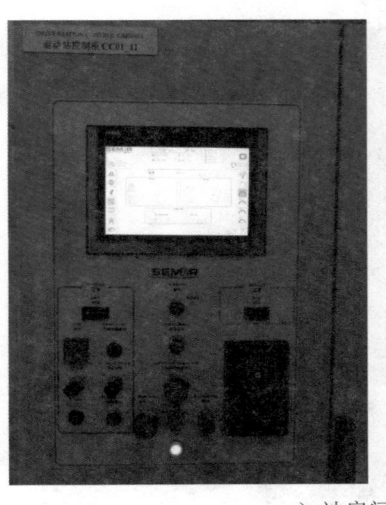

a）站房间的专用电话

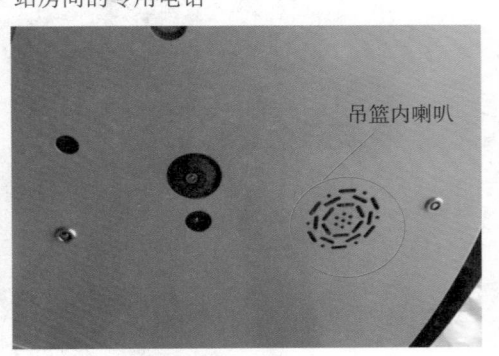

b）沿线广播系统

图 3-47　专用电话和广播示例

（6）是否有应急救援装备。检查要求：查看使用现场，应急救援装备的配置应符合救援实际需要，可包括登高车、柴油发电机及其他救援设备（见图3-48）。

图 3-48　应急救援设备和清单示例

（7）抽查运行、检修记录是否及时填写。检查要求：查看使用现场，客运索道使用单位应当按照安全技术规范和使用维护说明书的要求，开展设备运营前试运行检查、日常检查和维护保养、定期自行检查，并如实记录。

3.8　大型游乐设施安全状况检查

3.8.1　大型游乐设施使用单位现场安全监督检查项目

大型游乐设施使用单位现场安全监督检查项目见表 3-9。

表 3-9　大型游乐设施使用情况检查项目表

类别	检查项目	检查项目编号	检查内容
大型游乐设施	作业人员	1	现场作业人员是否具有有效证件
	使用登记及警示标志	2	是否有安全检验合格标志，并按规定固定在显著位置，是否在检验有效期内
		3	是否设有显著的警示标志，进出口是否设有显著的乘客须知和身高标尺等安全标志
	安全装置	4	抽查配备的安全带、安全压杆等安全保护装置是否有效
	运行情况	5	抽查运行、检修记录是否及时填写

3.8.2　定义

大型游乐设施是指用于经营目的，承载乘客游乐的设施。其范围规定为设计最大运行线速度大于或等于 2m/s，或者运行高度距地面高于或等于 2m 的载人大型游乐设施。用于体育运动、文艺演出和非经营活动的大型游乐设施除外。图 3-49 是大型游乐设施示例。

a）碰碰车　　　　　　　　b）高架缆车

c）海盗船

图 3-49　大型游乐设施示例

3.8.3　检查内容与要求

（1）现场作业人员是否具有有效证件。检查要求：1）查看现场作业人员是否持有《中华人民共和国特种设备作业人员证》（示例见图3-50）；2）作业人员证应在有效期内使用；3）作业人员证的聘用记录中"用人单位""聘用项目代号""聘用起止日期"应填写完整，法定代表人一栏要签字或盖章；4）大型游乐设施作业人员持证项目必须与从事的工作对应。

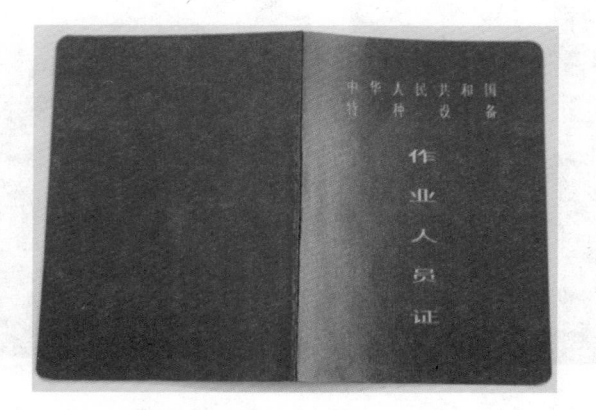

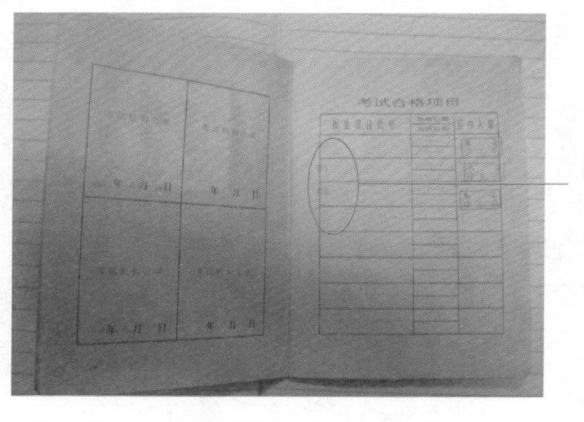

大型游乐设施作业人员主要项目代号：
大型游乐设施修理：Y1
大型游乐设施操作：Y2

图 3-50　中华人民共和国特种设备作业人员证示例

（2）是否有安全检验合格标志（见图 3-51），并按规定固定在显著位置，是否在检验有效期内。检查要求：查看使用现场。1）安全检验合格标志应固定在显著位置；2）安全检验合格标志应在检验有效期内。

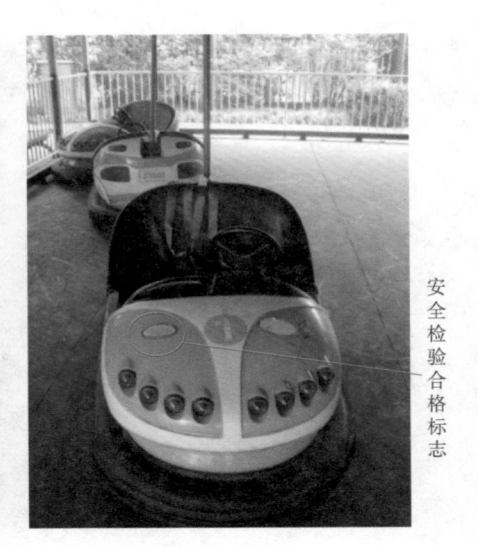

a）张贴在入口处的安全检验　　　　b）张贴在碰碰车上的安全检验
　　合格标志　　　　　　　　　　　　　合格标志

图 3-51　安全检验合格标志示例

（3）是否设有显著的警示标志，进出口是否设有显著的乘客须知和身高标尺等安全标志。检查要求：查看使用现场，在进出口应设置显著的警示标志、乘客须知和身高标尺等（见图 3-52）。

a）碰碰车乘客须知　　　　　　b）高架缆车警示标志和乘客须知

c）碰碰车入口处的身高标尺

图 3-52　**安全标志示例**

　　（4）抽查配备的安全带、安全压杆等安全保护装置是否有效。检查要求：查看设备本体，应配备安全带、安全压杆等安全保护装置（见图 3-53）。

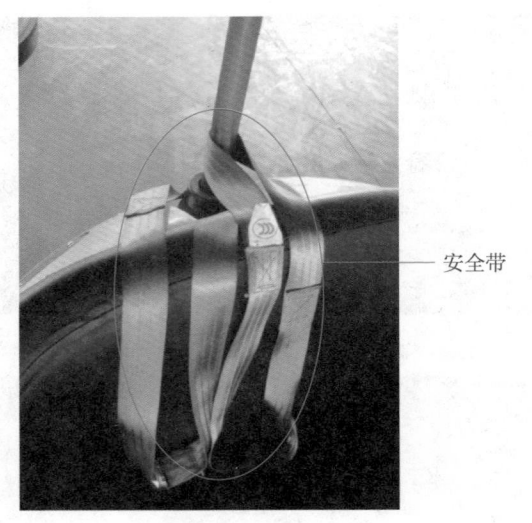

a）碰碰车安全带

b）海盗船安全压杆

图 3-53　安全保护装置示例

（5）抽查运行、检修记录是否及时填写。检查要求：查看运行、检修记录，大型游乐设施使用单位应当按照安全技术规范和使用维护说明书的要求，开展设备运营前试运行检查、日常检查和维护保养，并做好记录（见图3-54）。

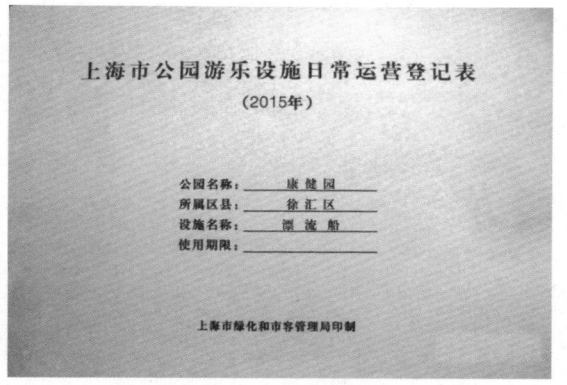

a）记录封面

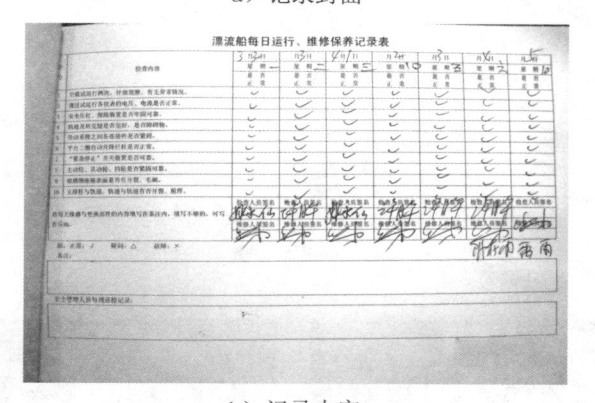

b）记录内容

图 3-54　大型游乐设施运行、检修记录示例

3.9　场（厂）内专用机动车辆安全状况检查

3.9.1　场（厂）内专用机动车辆使用单位现场安全监督检查项目

场（厂）内专用机动车辆使用单位现场安全监督检查项目见表3-10。

表 3-10　场（厂）内专用机动车辆使用情况检查项目表

类别	检查项目	检查项目编号	检查内容
场（厂）内专用机动车辆	作业人员	1	现场作业人员是否具有有效证件
	使用登记及警示标志	2	是否有安全检验合格标志，是否在有效期内使用；是否取得有效牌照
		3	是否设置安全警示标志
	安全装置	4	车辆的照明系统是否正常
		5	车辆的行车、驻车制动系统是否有效
		6	倒车镜是否完好
	运行情况	7	抽查检修记录是否及时填写

3.9.2　定义

　　场（厂）内专用机动车辆是指除道路交通、农用车辆以外仅在工厂厂区、旅游景区、游乐场所等特定区域使用的专用机动车辆。图 3-55 是场（厂）内专用机动车辆示例。

a）叉车　　　　　　　　　　　　　b）观光车

图 3-55　场（厂）内专用机动车辆示例

3.9.3　检查内容与要求

（1）现场作业人员是否具有有效证件。检查要求：1）查看现场作业人员是否持有《中华人民共和国特种设备作业人员证》（示例见图 3-56）；2）作业人员证应在有效期内使用；3）作业人员证的聘用记录中"用人单位""聘用项目代号""聘用起止日期"应填写完整，法定代表人一栏要签字或盖章；4）场（厂）内专用机动车辆作业人员持证项目必须与从事的工作对应。

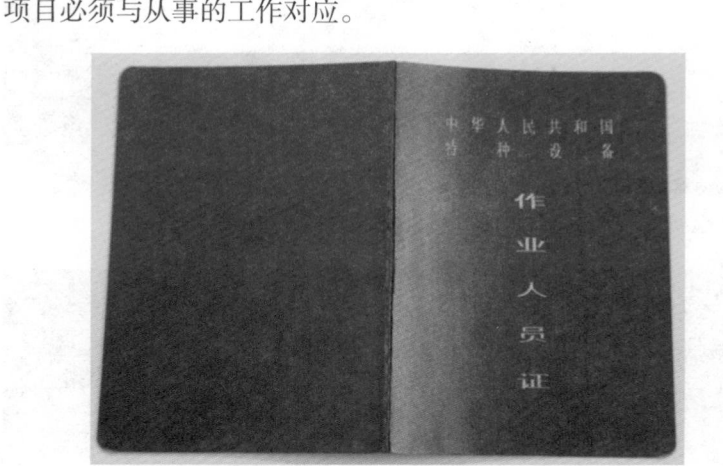

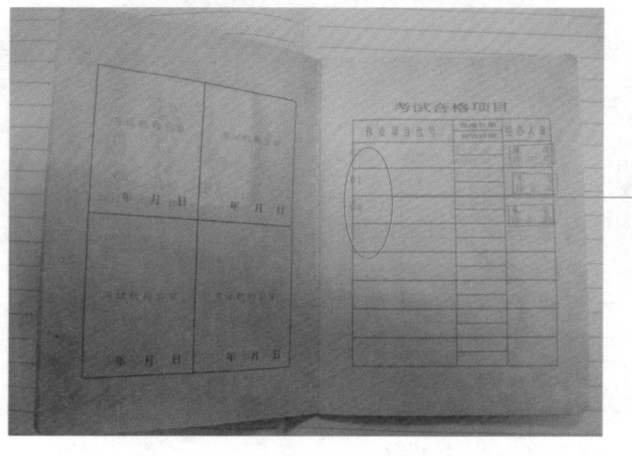

场（厂）内专用机动车辆作业人员主要项目代号：
叉车司机：N1
观光车和观光列车司机：N2

图 3-56　中华人民共和国特种设备作业人员证示例

（2）是否有安全检验合格标志，是否在有效期内使用；是否取得有效牌照。检查要求：查看车辆。1）车辆上应张贴安全检验合格标志；2）安全检验合格标志应在有效期内；3）车辆应取得有效的牌照，牌照应分别悬挂在车头和车尾。图 3-57 是安全检验合格标志和牌照示例。

a）安全检验合格标志　　　　　　　　b）牌照

c）观光车车头

图 3-57　安全检验合格标志和牌照示例

（3）车辆的照明系统是否正常。检查要求：由车辆驾驶员试验车辆照明系统，照明系统应能正常工作（见图 3-58）。

a）关闭照明系统的叉车 　　　　　b）开启照明系统的叉车

图 3-58　照明系统检查示例

（4）车辆的行车、驻车制动系统是否有效。检查要求：由车辆驾驶员试验车辆的行车、驻车制动系统，制动系统应能有效制动（见图 3-59）。

图 3-59　叉车制动系统示例

（5）倒车镜是否完好。检查要求：查看车辆，车辆倒车镜应完好（见图3-60）。

（6）抽查检修记录是否及时填写。检查要求：查看车辆检修记录，车辆应按安全技术规范要求进行检修并做好记录（见图3-61）。

图 3-60　叉车倒车镜示例

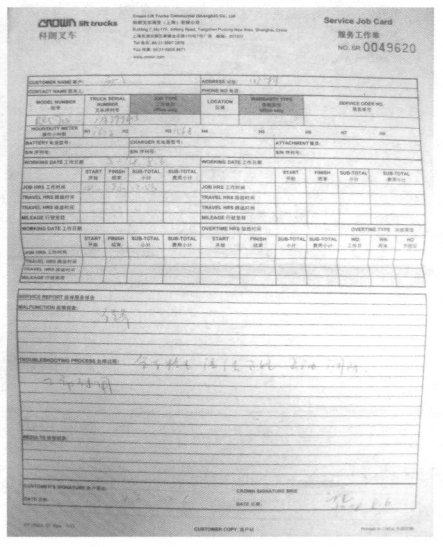

图 3-61　叉车检修记录示例

4

典型案例及分析

4.1 X公司销售未经检验的压力容器案

【案件要点】

违法主体是违法行为的构成要件之一。执法实践中，应按照法律法规和规章中规定的调整对象、是否具有独立承担法律责任的能力和资格、应承担的法律责任等几个方面作具体分析，以确定正确的违法主体。

4.1.1 基本案情

2015年3月25日，丙区局执法人员对丙区第二牙病防治所进行特种设备现场安全监督检查时发现，该单位二楼气泵房内安装的两套空气压缩机系统中的两台储气罐属于特种设备目录中的压力容器（工作压力 0.5 MPa~0.8 MPa，容积 90L），该两台储气罐未经检验。经查，J公司是X公司的授权代理商，J公司与X公司签订《销售合同》约定，由J公司负责对外承揽业务，X公司负责供货、安装等事宜。2014年10月，第二牙病防治所拟采购两套空气压缩机系统，经政府招投标，J公司代为销售的X公司的涉案产品中标，2014年12月16日，J公司与第二牙病防治所签订《政府采购合同》，2015年2月10日，X公司将涉案空气压缩机系统送货并安装完成。X公司称涉案的两套空气压缩机系统于 2014 年 11 月从德国进口，进货价格 9720 欧元，此两套系统与其他五套德国迪尔抽湿机、七套牙椅和三套儿童坐垫为捆绑销售。

4.1.2 处理结果

丙区局案审委员会审议后认为，X 公司销售未经检验的压力容器的行为违反了《特种设备安全法》第二十七条第三款的规定，考虑到其在调查过程中主动配合，积极整改，及时将涉案两套空气压缩机系统及储气罐进行了拆除，并对储气罐重新进行申报检验，主动消除违法行为危害后果的情节，依据《特种设备安全法》第八十二条第一款第一项的规定，对其从轻给予如下行政处罚：

（1）停止销售未经检验的特种设备压力容器的行为；

（2）罚款 120000 元；

（3）没收违法销售的储气罐 2 台。

4.1.3 案例分析

本案争议的焦点主要涉及违法主体的认定、违法所得不能确定时如何处理等。

（1）违法行为主体的认定

一种意见认为，J 公司参与政府采购招标并在中标后与丙区第二牙病防治所签订了《政府采购合同》，销售行为已发生，即使该合同的实际履行人涉及合同外的第三人，也应以 J 公司作为违法行为的主体；至于 X 公司与 J 公司签订的《销售合同》，应视作另一个独立的违法行为，另案查处。另一种意见认为，J 公司和 X 公司是独立的法人，且都具有销售行为，应认定为共同的违法主体。

根据《行政处罚法》的相关规定，违法主体是指违反行政法律、法规、规章行为的责任人，包括公民、法人和其他组织。对违法主体的认定，一般可以从以下几个方来判定：1）法律法规和规章中规定的调整对象，如《特种设备安全法》第二条规定："特种设备的生产（包括设计、制造、安装、改造、修理）、经营、使用、检验、检测和特种设备安全的监督管理，适用本法"，即特种设备的生产、经营、使用单位等的行为均属于调整范围，为违法行为主体；2）是否具有独立承担法律责任的能力和资格，违法主体不能是不具备相应能力资格的分公司或分支机构；3）违法主体应承担的法律责任，每一个主体在实施违法行为时的地位、作用不同，其应承担的法律责任也不同。本案中，J公司和X公司均具有独立的法人资格，且均为未经检验压力容器的销售者，但从J公司和X公司签订的《销售合同》可以看出，J公司负责招揽生意，X公司负责发货、安装、调试、维护、操作培训等其他事宜，且经调查，在第二牙病防治所的招投标工作中，X公司因为参与招标需垫付货款，所以与J公司签订合同，请J公司作为代理商，参与投标，但J公司从投标书的准备、中标金额的确定等均是按照X公司的指示实施的。J公司从来没有实际接触过涉案设备，无法知晓这些设备中是否存在未经检验的压力容器的违法行为，因此，J公司和X公司在违法行为中的地位、作用明显不同，将X公司作为违法行为的主体更有利于违法行为的查处。

（2）违法所得不能确定时如何处理

本案中未经检验的特种设备是两台储气罐，只是涉案的两套空气压缩机系统的一部分，所以在认定违法所得时，应当只计算销售这两台储气罐的违法所得。但是，本案的特殊之处在于，当事人是将包括储气罐在内的整个空气压缩机系统作为整体进行销售的，并未就储气罐进行单独采购及销售，在有关合同中也没有列明储气罐的单价。X公司销售的涉案产品在德国生产，储气罐本身也是德国D公司向其他厂商采购的，无法计算单个储气罐的成本、进货价格、销售价格中的任何一项，因此也就无法计算单个储气罐的违法所得。如果把整个空气压缩机系统的销售价格减去进货价格、税收等成本作为单个储气罐的违法所得，不其合理。

根据《特种设备安全法》第八十二条第一款第（一）项，"对销售未经检验的特种设备的违法主体，应责令停止经营，没收违法经营的特种设备，处三万元以上三十万元以下罚款；有违法所得的，没收违法所得"，其中，没收违法所得是处罚种类之一，但其计算需要执法人员调查取证。从经营行为本身来说，销售行为肯定会获得利润，但本案涉案产品虽是独立的产品，其在功能发挥上是整个产品中的一部分，其销售的方式是捆绑销售。X 公司否认储气罐销售中有违法所得，从执法人员收集的证据来看，也确实无法就单个储气罐计算出其违法所得。因此，鉴于 X 公司及时将涉案储气罐拆除，销售金额全部退还给第二牙病防治所，并已重新进行申报检验，对其违法行为承担法律后果的情况下，丙区局认为 X 公司销售涉案产品金额无法认定决定不予没收。

4.1.4 相关法律规范

4.1.4.1 《特种设备安全法》的相关条款

第二十七条第三款 禁止销售未取得许可生产的特种设备，未经检验和检验不合格的特种设备，或者国家明令淘汰和已经报废的特种设备。

第八十二条第一款第一项 违反本法规定，特种设备经营单位有下列行为之一的，责令停止经营，没收违法经营的特种设备，处三万元以上三十万元以下罚款；有违法所得的，没收违法所得：

1. 销售、出租未取得许可生产，未经检验或者检验不合格的特种设备的。

4.1.4.2 《行政处罚法》的相关条款

第二十七条第一款第一项 当事人有下列情形之一的，应当依法

从轻或者减轻行政处罚：

2. 主动消除或者减轻违法行为危害后果的。

4.2　S 公司使用国家明令淘汰锅炉案

【案件要点】

《特种设备安全法》的立法宗旨除了坚持安全性之外，节能环保也是立法者考量的重要因素。执法部门应当坚持安全与节能环保并重的原则，严格对国家明令淘汰的特种设备进行执法。本案使用淘汰锅炉的行为虽然不会造成人身财产安全上的风险，但由于其不符合节能环保原则，依法应当予以查处。

4.2.1　案情简介

2014 年 12 月 17 日，甲区局特种设备安全监察人员对位于辖区内的 S 公司进行特种设备安全监察时，发现该单位正在使用一台型号规格为 LHS1-0.7-Y.Q 的承压蒸汽锅炉。经查，上述锅炉于 2012 年 4 月 6 日被列入《中华人民共和国工业和信息化部公告》(2012 年第 14 号，以下简称《工信部公告》) 高耗能落后机电设备（产品）淘汰目录（第二批），属国家明令淘汰设备。

4.2.2　处理结果

甲区局案审委员会审理后认为，S 公司使用国家明令淘汰的锅炉的行为，违反了《特种设备安全法》第三十二条第二款的规定，依据《特种设备安全法》第八十四条第一款第（一）项，作出如下行政处罚：

（1）停止使用国家明令淘汰的锅炉；

（2）罚款 150000 元。

S 公司收到行政处罚听证告知书后申请了听证。听证会后，甲区局案审委员会综合考量了当事人的主观故意、整改措施等情节，审理后决定对当事人从轻处罚，作出罚款 50000 元的行政处罚决定。

4.2.3 案例分析

本案事实较为清晰，但在听证会上，当事人对有关法律立法宗旨、行政裁量等问题提出异议，值得分析探讨。

（1）行政执法过程中如何把握节能环保与安全并重的原则

S 公司认为《特种设备安全法》的立法宗旨是为了加强特种设备安全工作，预防特种设备事故，保障人身和财产安全，而本案中高耗能锅炉的制造、安装和使用都经过监督检查和年检，不涉及对人身财产安全的危害，不应予以行政处罚。执法人员认为，《特种设备安全法》第三条规定，特种设备安全工作应当坚持安全第一、预防为主、节能环保、综合治理的原则，锅炉作为一种高耗能特种设备，本身就是能耗大户，且老旧、淘汰锅炉的换热效率很低，会造成能源的浪费、碳排放的超标，其危害性虽然不涉及人身安全，但严重危害社会经济和生态环境，因此，基于节能环保与安全性并重，应当予以行政处罚。

本案中，S 公司对《特种设备安全法》立法宗旨和目的的理解不够全面。特种设备的安全性，虽然是《特种设备安全法》最为重要和关键的目标宗旨，但除此之外，也要看到立法所需维护、促进的其他目标，节能环保即是其中之一。长久以来，特种设备使用单位都把安全工作放在了首要位置，但忽视了节能环保的重要性。《特种设备安全法》首次将节能环保这一原则写入法律文件，也是明确将节能减排工作放在了与安全工作同等重要的地位。《特种设备安全法》第三条、第七条也明确规定了节能环保的立法原则和责任制度，要求特种设备的经营和使用单位应建立、健全设备的安全和节能责任制度，加强特种设备安全和节能管理，确保设备的使用、经营符合安全、节能要求。这些规定，都充分说明了《特种设备安全法》的立法宗旨并不只是为了加强设备的安全，而是安全与节能环保并重。本案中，S公司使用的规格为LHS1-0.7-Y.Q的承压蒸汽锅炉已经被国家明令淘汰，换热效率很低，会造成能源的浪费、碳排放的超标，严重危害社会经济和生态环境。因此，执法人员的意见正确合理，相关检验机构也要注意根据国家规定的变化及时修订检验规则，如对上述应淘汰设备实施检验的，应及时作出判废的结论。

（2）S公司是否具有从轻处罚的情节

在调查过程中，S公司声称其不知道所使用的锅炉是在《工信部公告》中所列的淘汰设备，但执法人员认为，《特种设备安全法》和《工信部公告》都是依法向社会公布的法律和规范性文件，公民和法人对于国家颁布的法律和规范性文件有应知的义务。本案中S公司作为特种设备使用单位，具有相关从业资质，有义务主动学习和了解有关特种设备的各项规定，因此，该公司以自己对淘汰锅炉使用不知情为由要求从轻或减轻处罚的理由不成立。

但是在案发后，S公司积极完成涉案锅炉的报停、报废，并将涉案锅炉进行去功能化处理，将控制面板进行破坏性拆解，并提供说明和照片作为裁量的证据。执法人员认为，该公司事后积极主动采取了补救措施，配合执法机关的调查，按照《特种设备安全法》第四十八条的规定，完成了对涉案锅炉报废的义务，及时纠正了违法行为，减轻了危害结果，符合《行政处罚法》第二十七条和《质量技术监督行政处罚裁量权适用规则》第十六条第二款第（一）项关于从轻处罚的规定。因此，听证后，案审委员会经审理决定，将罚款数额作出调整。

4.2.4　相关法律法规

4.2.4.1　《特种设备安全法》的相关条款

第三条　特种设备安全工作应当坚持安全第一、预防为主、节能环保、综合治理的原则。

第七条 特种设备生产、经营、使用单位应当遵守本法和其他有关法律、法规，建立、健全特种设备安全和节能责任制度，加强特种设备安全和节能管理，确保特种设备生产、经营、使用安全，符合节能要求。

第三十二条第二款 禁止使用国家明令淘汰和已经报废的特种设备。

第四十八条 特种设备存在严重事故隐患，无改造、修理价值，或者达到安全技术规范规定的其他报废条件的，特种设备使用单位应当依法履行报废义务，采取必要措施消除该特种设备的使用功能，并向原登记的负责特种设备安全监督管理的部门办理使用登记证书注销手续。

第八十四条第一项 违反本法规定，特种设备使用单位有下列行为之一的，责令停止使用有关特种设备，处三万元以上三十万元以下罚款：

1. 使用未取得许可生产，未经检验或者检验不合格的特种设备，或者国家明令淘汰、已经报废的特种设备的；

4.2.4.2 《行政处罚法》的相关条款

第二十七条第一款第一项 当事人有下列情形之一的，应当依法从轻或者减轻行政处罚：

2. 主动消除或者减轻违法行为危害后果的。

4.3 T公司违反特种设备安全管理规定发生叉车事故案

【案件要点】

本案中，执法人员通过对特种设备事故相关人员的关系分析，深

入调查了解事故发生的原因，理清事故发生的直接原因、间接原因以及主要责任和次要责任，顺利完成案件办理。本案涉及责任主体的认定、法律适用、刑事责任的追究等问题，具有一定的分析探讨价值。

4.3.1　案情简介

2014 年 9 月 20 日，乙区 T 公司使用的 1 台型号为 CPC30-AG2 的叉车进行钢管卸载时，因超载失衡，公司工作人员进行相关处置时操作不当，导致 1 死 1 伤。乙区局接报后，立即开展应急处置工作，组织成立特种设备事故调查组，对事故开展调查。经调查，查明由于 T 公司违法管理、Z 某无证驾驶叉车等原因致使 L 某死亡、G 某重伤的后果。

乙区区政府对事故调查报告进行了批复。乙区局依法对 T 公司的违法行为进行立案调查，查明其违反特种设备安全管理规定导致叉车事故发生的违法事实。

4.3.2　处理结果

乙区局案审委审理后认为，T 公司违反特种设备安全管理规定导致事故发生的行为，违反了《特种设备安全法》第十三条第一款的规定，根据《特种设备安全法》第九十条第一项的规定，作出如下行政处罚：

（1）罚款 120000 元。

（2）对 Z 某的违法行为另案处罚后移送公安机关，追究刑事责任。

4.3.3　案例分析

在本案的调查处理过程中，围绕着事实认定和法律适用等一些焦点问题，执法人员产生了不同的看法和争议，值得深入分析。

（1）事故责任的认定

就本案的违法事实认定及事故责任分配问题，执法人员产生了争议：一种意见认为，事故受害的两人发现叉车翘尾后，采取错误方式力图使叉车恢复平衡，自身存在过错，不应当由 T 公司和 Z 某承担事故的主要责任；另一种意见则认为，事故受害人虽然自身存在过错，但主要根源在于 T 公司应急管理制度不健全，培训不到位，应当追究企业的责任。

根据《特种设备安全法》第十四条规定，"特种设备安全管理人员、检测人员和作业人员应当按照国家有关规定取得相应资格，方可从事相关工作。特种设备安全管理人员、检测人员和作业人员应当严格执行安全技术规范和管理制度，保证特种设备安全"；第三十四条规定，"特种设备使用单位应当建立岗位责任、隐患治理、应急救援等安全管理制度，制定操作规程，保证特种设备安全运行"，即特种设备使用单位有义务对特种设备作业人员进行培训，并制定安全管理制度。本案中，L 某、G 某、Z 某均是受聘于 T 公司的员工，L 某和 G 某伤亡的直接原因在于自身操作不当，但究其行为的主要原因还是在于 T 公司管理责任的缺失，因此，T 公司应承担事故的主要责任。

（2）相关法律的适用性分析

《特种设备安全法》出台后，《特种设备安全监察条例》没有明确废止。根据最高人民法院《关于审理行政案件适用法律规范问题的座谈会纪要》："法律、行政法规或者地方性法规修改后，其实施性规定未被明文废止的，人民法院在适用时应当区分下列情形：实施性规定与修改后的法律、行政法规或者地方性法规相抵触的，不予适用；因法律、行政法规或者地方性法规的修改，相应的实施性规定丧失依据而不能单独施行的，不予适用；实施性规定与修改后的法律、行政法规或者地方性法规不相抵触的，可以适用。"虽然《特种设备安全监察条例》不属于《特种设备安全法》的实施性规定，但其法律层级存在

差异，参照上述规定，《特种设备安全监察条例》与《特种设备安全法》不相抵触的，可以适用。

对于本案中违法行为，该适用《特种设备安全法》还是《特种设备安全监察条例》？根据"上位法优于下位法"的原则，《特种设备安全法》作为上位法，应当优先适用；但该原则适用的前提是：当对同一事项的规定存在两个或两个以上的法律规范，并且低位阶的法律规范与高位阶的法律规范相抵触时，应当优先适用高位阶的法律规范，即"下位法"与"上位法"在法律冲突时适用。如果"下位法"和"上位法"不冲突，对有关事项规定一致，也优先适用"上位法"；但如果"下位法"是在"上位法"的种类、幅度、范围内进行细化规定，或者是对"上位法"作出具体的补充性规定，则应当优先适用"下位法"。本案中，《特种设备安全监察条例》与《特种设备安全法》对特种设备安全事故的规定一致，因此，优先适用《特种设备安全法》。

（3）法律责任竞合

在行政处罚时，执法人员提出，因Z某的违法行为涉嫌犯罪，已移送司法机关处理，是否还应对Z某予以行政处罚？此外，Z某在事故后已向伤亡者承担了民事赔偿责任，对其违法行为同时涉及民事赔偿、行政处罚、刑罚，是否涉及法律责任竞合，多重责任是否加重了处罚？

就本案而言，不存在法律责任竞合问题。所谓法律责任竞合，是指由于某种法律事实的出现，导致两种或两种以上法律责任的产生，且这些责任之间出现相互冲突的现象。法律责任竞合既可发生在同一法律部门内部，如民法上侵权责任和违约责任的竞合，也可发生在不同法律部门之间，如民事责任、行政责任和刑事责任之间的竞合。法律责任竞合主要有四个特点：一是数个法律责任的主体为一人；二是责任主体实施了一个行为；三是该行为符合两个或两个以上的法律责任构成要件；四是数个法律责任之间相互冲突。本案中，T公司承担行政责任，是因其在安全管理上的不作为；民事责任是由于其雇员在履行职责时侵害他人生命权、人身健康权，作为雇主依法承担侵权责任；Z某作为企业主要负责人，履行的是公司管理职责，因其管理失职导致事故发生，负有领导责任；同时，Z某作为叉车司机，明知自己无作业人员资格证还驾驶叉车进行作业，并致使一死一伤，应为此承担刑事责任。T公司和Z某涉及两个不同的主体、违法行为不同，因此，不构成法律责任的竞合。虽然T公司的法定代表人也是Z某，T公司的民事、行政责任很大程度上也是由其承担，但这是其违法行为应当承担的法律后果，不存在处罚加重的问题。

4.3.4 相关法律规范

《特种设备安全法》的相关条款

第十三条第一款　特种设备生产、经营、使用单位及其主要负责人对其生产、经营、使用的特种设备安全负责。

第九十条第一项　发生事故，对负有责任的单位除要求其依法承担相应的赔偿等责任外，依照下列规定处以罚款：

发生一般事故，处十万元以上二十万元以下罚款；

最高人民检察院关于印发《人民检察院直接受理的侵犯公民民主权利人身权利和渎职案件立案标准的规定》的通知（1989年11月30日［89］高检发（法）字第41号）。

重大责任事故案（刑法第一百一十四条）工厂、矿山、林场、建筑企业或者其他企业、事业单位的职工，以及群众合作经营组织或个体经营户的从业人员，由于不服管理、违反规章制度，或者强令工人违章冒险作业，因而发生重大伤亡事故，或者造成重大经济损失，具有下列行为之一的，应予立案：

1.致人死亡一人以上，或者致人重伤三人以上的。

4.4 R 公司未经许可擅自从事电梯制造案

【案件要点】

依法行政的基本要求在于，行政机关必须根据法律法规的规定，依法取得和行使行政权力，不得任意创设权力，也不得任意增减权力。执法实践中，执法人员不应当根据案件的特殊情况对法律责任作出变通执行。

4.4.1 案情简介

2009 年 7 月 17 日，乙区局执法人员对辖区内 R 公司进行执法检查，发现 R 公司生产车间内正在制造电梯，而该公司现场无法提供电梯的制造许可证；经查阅公司销售发票，发现其存在销售自行制造电梯的有关记录。

2009 年 8 月 14 日，执法人员对 R 公司的违法行为立案。经调查，2008 年 6 月至 2009 年 7 月，R 公司未经许可擅自制造并销售了四个型号的扶梯和直梯共计 2439 台，货值金额 3979114217.15 元，违法所得 21390369.56 元。此外，执法人员查明，R 公司是以 Z 公司为主要发起人、在上海成立的中外合资公司，Z 公司的生产基地位于广州，主营业务为电梯制造，Z 公司具有电梯的特种设备制造许可证。R 公司承接 Z 公司的部分订单及生产任务，并在其生产制造的电梯上标注 Z 公司的厂名、厂址等信息后，销售给 Z 公司，再由 Z 公司对外销售。

4.4.2 处理结果

乙区局案审委员会经审理后认为，R 公司未经许可擅自从事电梯制造的行为，违反了《特种设备安全监察条例》第十四条第一款的规定，依据《特种设备安全监察条例》第七十五条的规定，给予如下行政处罚：

罚款 400000 元。

此外，乙区局还将 Z 公司的违法事实移送其广州某区质监部门处理。

4.4.3　案例分析

本案案情虽不复杂，但在违法行为的认定、法律适用及法律责任的追究等方面，值得进一步分析探讨。

（1）违法行为的定性及法律适用

在案件办理过程中，有执法人员认为，R 公司除了存在无证制造电梯的违法行为外，还涉嫌违反了《产品质量法》第五条"……禁止伪造产品的产地，伪造或者冒用他人的厂名、厂址……"的规定，R公司在其生产、销售的电梯上标注 Z 公司的厂名、厂址等信息，属于冒用他人厂名、厂址的行为。R 公司存在两个违法行为，应分别依据《特种设备安全监察条例》第七十五条和《产品质量法》第五十三条进行处罚。也有执法人员认为，R 公司冒用 Z 公司厂名、厂址的行为是为了无证生产并销售电梯，试图通过 Z 公司是具有电梯制造许可证的事实来逃避无证生产的责任，逃避监管部门的监管，因此，两个违法行为之间存在牵连关系，应当对无证制造电梯的行为予以处罚；此外，Z 公司与 R 公司虽是独立的主体，但从其经营模式看，Z 公司与R 公司之间存在着类似总公司和分公司的关系，R 公司能在无证制造的电梯上加贴 Z 公司的厂名、厂址，肯定有 Z 公司的授意或允许，因此，在冒用厂名、厂址的行为方面，Z 公司应当承担相应的责任，对R 公司仅应查处其无证制造电梯的行为。上述两种观点争议的实质在于对冒用他人厂名、厂址的理解和对数个具有牵连关系违法行为的法律适用。

首先，R 公司的行为是否构成冒用他人厂名、厂址的违法行为？

根据《产品质量法实施意见》："伪造或者冒用他人厂名、厂址的行为，指非法标注他人厂名、厂址标识，或者在产品上编造、捏造不真实的生产厂厂名和厂址以及在产品上擅自使用他人的生产厂厂名和厂址的行为"，其中"擅自"应理解为未经他人允许或超越他人允许的范围，本案中，R 公司承接 Z 公司的部分订单及生产任务，在产品上标注 Z 公司的厂名、厂址等信息，再由 Z 公司对外销售，可见 Z 公司对 R 公司使用其厂名、厂址的行为是知情的，即是 R 公司得到了 Z 公司的允许，其行为不是"擅自"，因此，不能定性为冒用他人厂名、厂址的行为。

其次，如果 R 公司的行为既构成了无证生产的行为，也构成了冒用他人厂名、厂址的行为，应当如何处罚？根据部分执法人员的理解，R 公司是为了实现逃避监管而实施了无证生产和冒用他人厂名、厂址的行为，同时冒用他人厂名、厂址的行为是为了掩盖无证生产的目的，即两个违法行为之间存在手段与目的的关系，类似于刑法上"牵连犯"中的牵连关系。对于有牵连关系的违法行为如何处理，行政法上没有明确的规定，刑法学界一般认为，除法律明确规定应数罪并罚以外，原则上应从一重论处。刑法上认为，行为人只有一个犯罪目的，有牵连关系的数罪是基于同一个犯罪目的而作出，其主观恶性和客观危害性相对于无牵连关系的数罪要小，对数个违法行为从一重处断，轻于数罪并罚的刑罚，符合"罪刑责相适应"的刑法基本原则。鉴于行政处罚与刑罚具有内在一致性，且行政法上也有"过罚相当"的基本原则，因此，出于同一违法目的实施的数个具有牵连关系的违法行为，宜采取"从一重处"的原则。

（2）执法人员是否可以根据案件具体情况对违法责任作出调整

根据《特种设备安全监察条例》第七十五条规定，"予以取缔，没收非法制造的产品，已经实施安装、改造的，责令恢复原状或者责令限期由取得许可的单位重新安装、改造"，具体到本案中，即 R 公司涉案的 2439 台电梯要全部予以没收，对于已经安装的，要予以拆除并重新安装，执法人员考虑到：一方面，2439台涉案电梯涉及企业多、范围广，大部分已经安装使用，实际操作上难以整改；另一方面，R公司于2009年7月17日被查出违法行为后，已积极采取整改措施，于2009年8月11日取得了电梯的特种设备制造许可证，证明R公司是具备质量保证能力的企业，且R公司承诺对已出厂销售和已安装在用的涉案电梯安排特别检测保养措施，保障电梯的质量安全。此外，涉案电梯在有质量保证的前提下，全部拆除会造成社会资源的极大浪费，如果涉及公共场所或人员密集区域，则可能造成较大的社会影响。综合上述因素，执法人员没有严格按照法律规定对R公司的违法行为追究责任，需要指出的是，虽然这种做法充分考虑了R公司具有质量保证能力等特殊情况，有利于社会资源的利用和维护社会正常秩序，具有一定的合理性，但行政执法部门的职责在于依法行政，即必须根据法律法规的规定，依法取得和行使行政权力，不得任意创设权力，也不得任意增减权力，因此，乙区局的做法值得商榷。

4.4.4 相关法律规范

4.4.4.1 《产品质量法》的相关条款

第五条 禁止伪造或者冒用认证标志等质量标志；禁止伪造产品的产地，伪造或者冒用他人的厂名、厂址；禁止在生产、销售的产品中掺杂、掺假，以假充真，以次充好。

第五十三条 伪造产品产地的，伪造或者冒用他人厂名、厂址的，伪造或者冒用认证标志等质量标志的，责令改正，没收违法生产、销售的产品，并处违法生产、销售产品货值金额等值以下的罚款；有违法所得的，并处没收违法所得；情节严重的，吊销营业执照。

4.4.4.2 《特种设备安全监察条例》的相关条款

第十四条第一款 锅炉、压力容器、电梯、起重机械、客运索道、大型游乐设施及其安全附件、安全保护装置的制造、安装、改造单位，以及压力管道用管子、管件、阀门、法兰、补偿器、安全保护装置等（以下简称压力管道元件）的制造单位和场（厂）内专用机动车辆的制造、改造单位，应当经国务院特种设备安全监督管理部门许可，方可从事相应的活动。

第七十五条　未经许可，擅自从事锅炉、压力容器、电梯、起重机械、客运索道、大型游乐设施、场（厂）内专用机动车辆及其安全附件、安全保护装置的制造、安装、改造以及压力管道元件的制造活动的，由特种设备安全监督管理部门予以取缔，没收非法制造的产品，已经实施安装、改造的，责令恢复原状或者责令限期由取得许可的单位重新安装、改造，处 10 万元以上 50 万元以下罚款；触犯刑律的，对负有责任的主管人员和其他直接责任人员依照刑法关于生产、销售伪劣产品罪、非法经营罪、重大责任事故罪或者其他罪的规定，依法追究刑事责任。

4.5　Y 某未经许可擅自从事电梯维护保养案

【案件要点】

执法实践中，非法经营罪中"对其他严重扰乱市场秩序的非法经营行为"的认定，应从经营行为、市场准入制度、扰乱市场秩序等方面入手，结合案件的具体情况作出判定，不得因该兜底条款的规定对非法经营行为任意作扩大解释，将不符合非法经营罪构成要件的行为纳入刑罚的范畴。

4.5.1　案情简介

2011 年 3 月 21 日，甲区 B 公司内使用的一台杂物电梯发生夹伤人事件，造成一名男子颈部软组织挫伤。甲区局接报后，执法人员赴现场进行调查。经调查发现，涉案电梯由 C 公司员工 Y 某负责维护保养，其维保工作自 2003 年 12 月起，维保的范围包括 B 公司使用的一台客梯和三台杂物电梯，维保费用为每月 800 元。其中，Y 某为了使涉案电梯通过年检，于 2005 年以 C 公司的名义伪造了一份《电梯保养合同》，2010 年通过与 C 公司员工的私人关系，在 C 公司法定代表人不知道的情况下，擅自在 B 公司的《年度自检报告》上加盖了 C 公司的印章；2010 年 9 月，还冒用 C 公司的名义与 B 公司签订了一份《电梯修理合同》，约定由 Y 某负责电梯修理的所有事宜，包括配件的购买、更换等，修理费用共计 34500 元。据统计，Y 某在 2003 年 12 月至 2011 年 3 月期间，共获得违法所得 82450 元。

4.5.2 处理结果

甲区局案审委员会经审理后认为，Y 某未经许可擅自从事电梯维护保养的行为，违反了《特种设备安全监察条例》第十七条第二款、第三十一条第一款规定，依据《特种设备安全监察条例》第七十七条的规定，作出如下行政处罚：

（1）责令 Y 某停止对电梯进行维护保养；

（2）罚款 15000 元；

（3）没收违法所得 82450 元。

4.5.3 案例分析

在本案的办理过程中，执法人员对 Y 某的违法行为是否涉嫌刑事犯罪、是否需要移交司法机关存在争议，值得进一步展开讨论。

对 Y 某的行为是否涉刑，执法人员有两种不同的观点。一种观点认为，Y 某作为自然人，没有电梯维修保养资质，通过伪造合同和冒用他人公司名义的方式进行电梯维修保养活动，根据《特种设备安全监察条例》第七十七条的规定，"未经许可，擅自从事锅炉、压力容器、电梯、起重机械、客运索道、大型游乐设施、场（厂）内专用机动车辆的维修或者日常维护保养的，由特种设备安全监督管理部门予以取缔，处1万元以上5万元以下罚款；有违法所得的，没收违法所得；触犯刑律的，对负有责任的主管人员和其他直接责任人员依照刑法关于非法经营罪、重大责任事故罪或者其他罪的规定，依法追究刑事责任"，对于未经许可从事特种设备日常维护保养的行政违法行为是有刑罚后果的。根据最高人民检察院、公安部《关于经济犯罪案件追诉标准的规定》（公发〔2001〕11号）第七十条"个人非法经营数额在五万元以上"的追诉标准，Y某非法经营数额为82450元，涉嫌非法经营罪。因此，应将Y某移送司法部门处理。第二种观点则认为，涉案电梯的实际维保实施人是Y某，Y某通过伪造合同、擅自盖章等行为，非法使用C公司的资质，以达到其擅自维护保养的目的，其行为情节性质恶劣，但尚不足以扰乱市场秩序，通过行政处罚可以达到警示与教育的目的，不需要移交司法机关。上述两种观点涉及对非法经营罪的追诉标准及对《刑法》第二百二十五条第（四）项"其他严重扰乱市场秩序的非法经营行为"的理解。

关于非法经营罪的追诉标准，《刑法》第二百二十五条列明了行为的表现形式，在《关于经济犯罪案件追诉标准的规定》中也规定了认定标准中的涉案金额。从事非法经营活动，个人非法经营数额在五万元以上，或者违法所得数额在一万元以上的；单位非法经营数额在五十万元以上，或者违法所得数额在十万元以上的，即要追究刑事责任。

关于对"其他严重扰乱市场秩序的非法经营行为"的理解，实践中需做具体分析。"其他严重扰乱市场秩序的非法经营行为"是指除《刑法》第二百二十五条第（一）至（三）项规定以外，其他违反市场准入制度，未经许可从事特定物品或者特定行业的经营行为。该兜底性条款的适用一般要遵循两条规则，即不到不得已时不用和法条本身应能明示或暗示"其他"的内涵和外延。判断一个行为是否符合这一种类的非法经营行为，通常要从三个方面加以界定：首先，该行为是一种经营行为，即发生在生产、经营活动中，存在于经济活动领域中，以营利为目的。其次，该行为非法，即违反国家法律、行政法规的禁止性或者限制性规定，未经有关部门批准进行经营活动。如果国家法律、法规未对某种经营行为予以禁止或者限制的，未实行市场准入制度，而是由市场经济主体自由进入的，则该行为不得被认定为非法经营行为。最后，该行为严重扰乱市场秩序，情节严重，社会危害性已达到需要刑罚干预的程度，一般的扰乱市场经济秩序的非法经营行为不构成犯罪。上述三个条件必须同时具备，才能认定某一行为属于此类非法经营行为。

结合上述三个条件分析本案，首先，Y 某实施维护保养获取经费的行为，属于经营行为；其次，法律规定对电梯维护保养实施许可制度，只有依法取得许可的单位才可实施相应的维护保养工作；第三，Y 某以个人投机取巧的方式赢得 B 公司的信任，使得 B 公司误将 Y 某的行为认定为 C 公司的行为，从而赚取个人收益，其行为造成的后果是电梯维护保养的质量得不到保障，与非法经营罪的本质——破坏了市场准入制度，擅自进入具有特定资格的民事主体才能进入的市场，有着根本的差异，其违法行为涉及四台电梯，行为影响范围和社会危害性有限，不足以达到扰乱电梯维护保养市场正常秩序的程度。因此，虽然 Y 某违法行为的涉案金额已超过 5 万元的追诉标准，但尚不构成犯罪，不需要移送司法机关处理。

4.5.4　相关法律规范

4.5.4.1　《特种设备安全监察条例》的相关条款

第十七条第二款　电梯的安装、改造、维修，必须由电梯制造单位或者其通过合同委托、同意的依照本条例取得许可的单位进行。电梯制造单位对电梯质量以及安全运行涉及的质量问题负责。

第三十一条第一款 电梯的日常维护保养必须由依照本条例取得许可的安装、改造、维修单位或者电梯制造单位进行。

第七十七条 未经许可，擅自从事锅炉、压力容器、电梯、起重机械、客运索道、大型游乐设施、场（厂）内专用机动车辆的维修或者日常维护保养的，由特种设备安全监督管理部门予以取缔，处1万元以上5万元以下罚款；有违法所得的，没收违法所得；触犯刑律的，对负有责任的主管人员和其他直接责任人员依照刑法关于非法经营罪、重大责任事故罪或者其他罪的规定，依法追究刑事责任。

4.5.4.2 《刑法》的相关条款

第二百二十五条 违反国家规定，有下列非法经营行为之一，扰乱市场秩序，情节严重的，处五年以下有期徒刑或者拘役，并处或者单处违法所得一倍以上五倍以下罚金；情节特别严重的，处五年以上有期徒刑，并处违法所得一倍以上五倍以下罚金或者没收财产：

1. 未经许可经营法律、行政法规规定的专营、专卖物品或者其他限制买卖的物品的；

2. 买卖进出口许可证、进出口原产地证明以及其他法律、行政法规规定的经营许可证或者批准文件的；

3. 未经国家有关主管部门批准非法经营证券、期货、保险业务的，或者非法从事资金支付结算业务的；

4. 其他严重扰乱市场秩序的非法经营行为。

《关于经济犯罪案件追诉标准的规定》(公发〔2001〕11号，2001年4月18日起施行）

七十、非法经营案（刑法第225条）

违反国家规定，采取租用国际专线、私设转接设备或者其他方法，擅自经营国际电信业务或者涉港澳台电信业务进行营利活动，涉嫌下列情形之一的，应予追诉：

1. 经营去话业务数额在一百万元以上的；

2. 经营来话业务造成电信资费损失数额在一百万元以上的；

3. 虽未达到上述数额标准，但因非法经营国际电信业务或者涉港澳台电信业务，受过行政处罚二次以上，又进行非法经营活动的。

……

从事其他非法经营活动，涉嫌下列情形之一的，应予追诉：

1. 个人非法经营数额在五万元以上，或者违法所得数额在一万元以上的；

2. 单位非法经营数额在五十万元以上，或者违法所得数额在十万元以上的。

4.6　A公司未经许可擅自从事电梯日常维护保养案

【案件要点】

在特种设备行政执法中，对"违法所得"应认定为当事人获取的利润，计算方法为销售收入扣除成本、税收等，其中"成本"可以参照相关法律的规定，界定为直接用于经营活动的适当的合理支出，并结合案件的具体情况作出较为准确的计算。

4.6.1　案情简介

2013年9月12日，甲区局特种设备安全监察人员对甲区B小区进行安全监察，发现A公司涉嫌存在超许可范围从事电梯日常维护保养的行为。

经调查发现，A公司于2013年1月与B小区物业签订《电梯维护保养合同》，约定对小区内四台电梯进行维护保养。A公司具有电梯维护保养的 C 级资质，按规定不得维护保养额定速度超过 1.75m/s 的电梯，而 B 小区的四台电梯额定速度为 2m/s。至违法行为被发现之日止，A 公司在 B 小区内从事电梯维护保养 9 个月，共获取违法所得 3716 元。

4.6.2 处理结果

甲区局案审委员会审理认为，A 公司超过许可资质的范围从事电梯日常维护保养的行为，属于未经许可擅自从事电梯维护保养的行为，违反了《特种设备安全监察条例》第三十一条第一款的规定，依据《特种设备安全监察条例》第七十七条的规定，作出如下行政处罚：

（1）罚款 15000 元；

（2）没收违法所得 3716 元。

4.6.3 案例分析

本案主要涉及电梯维护保养这一特殊行业违法所得的认定及维护保养成本的计算问题。

（1）违法所得的认定

根据《特种设备安全监察条例》第七十七条，"未经许可擅自从事……有违法所得的，没收违法所得"，由于特种设备相关法律规范中未对"违法所得"计算作出明确规定，给案件办理带来一定难度。甲区局案审委员会审理后认为，虽然在特种设备领域缺乏专门的法律规范对违法所得如何计算作出规定，但产品质量领域有《产品质量法实施意见》，其中第十一条规定，"违法所得是指当事人获取的利润"。特种设备属于产品大类中的一种，可以类推适用《产品质量法》中对于违法所得的定义。关于行政法领域的类推适用，是成文法漏洞客观存在的必然选择，但其有适用的限制，即禁止为相对人创设不利处分。本案中，将 A 公司的"违法所得"类推适用《产品质量法》对"违法所得"的理解，并没有为相对人创设新的行政义务，也没有违反法律的规定，因此，类推适用符合法理。

（2）维护保养成本的界定

根据上述分析，违法所得是指获得的利润，所谓利润是指销售收入扣除成本、税收等的余额。通常销售收入采用货值金额的认定方法，但成本的界定，则没有统一的标准，也没有明确的规定。实践中，有的以采信相对人的陈述为主，相对人将哪些项目列入成本，或者相对人陈述说成本是多少就是多少；有的则通过财务审计核算成本。但这些做法都存在缺陷，相对人陈述的证据缺乏证明力，会计核算中成本的概念与行政处罚中成本的概念并非完全一致，但在目前没有明确法律规范的情况下，上述做法又都具有一定的合理性。

值得说明的是，原国家工商总局于 2008 年 11 月 21 日公布了《工商行政管理机关行政处罚案件违法所得认定办法》（以下简称《违法所得认定办法》），其中，第二条规定，"工商行政管理机关认定违法所得的基本原则是：以当事人违法生产、销售商品或者提供服务所获得的全部收入扣除当事人直接用于经营活动的适当的合理支出"，并在第三条、第四条和第五条分别明确了违法生产、违法销售和违法提供服务应当扣除的成本。本案中，甲区局对成本的界定就参照了该《违法所得认定办法》，将成本界定为维护保养电梯所发生的合理的费用，将 A 公司电梯的维护成本分为固定费用和浮动费用，固定费用为电梯维保费和开具发票的税管费，浮动费用为工人薪资成本和配件成本，进而计算出 A 公司维护保养的成本和违法所得，具有一定的借鉴意义。

4.6.4   相关法律规范

4.6.4.1 《特种设备安全监察条例》的相关条款

第三十一条第一款   电梯的日常维护保养必须由依照本条例取得

许可的安装、改造、维修单位或者电梯制造单位进行。

第七十七条　未经许可，擅自从事锅炉、压力容器、电梯、起重机械、客运索道、大型游乐设施、场（厂）内专用机动车辆的维修或者日常维护保养的，由特种设备安全监督管理部门予以取缔，处 1 万元以上 5 万元以下罚款；有违法所得的，没收违法所得；触犯刑律的，对负有责任的主管人员和其他直接责任人员依照刑法关于非法经营罪、重大责任事故罪或者其他罪的规定，依法追究刑事责任。

4.6.4.2 《关于实施〈产品质量法〉若干问题的意见》的相关条款

第十一条　按照《产品质量法》的规定，货值金额是指当事人违法生产、销售产品的数量（包括已售出的和未售出的产品）与其单件产品标价的乘积。对生产的单件产品标价应当以销售明示的单价计算；对销售的单件产品标价应当以销售者货签上标明的单价计算。生产者、销售者没有标价的，按照该产品被查处时该地区市场零售价的平均单价计算。本法所称违法所得是指获取的利润。

4.6.4.3 《工商行政管理机关行政处罚案件违法所得认定办法》的相关条款

第二条　工商行政管理机关认定违法所得的基本原则是：以当事人违法生产、销售商品或者提供服务所获得的全部收入扣除当事人直接用于经营活动的适当的合理支出，为违法所得。

本办法有特殊规定的除外。

第三条　违法生产商品的违法所得按违法生产商品的全部销售收入扣除生产商品的原材料购进价款计算。

第四条　违法销售商品的违法所得按违法销售商品的销售收入扣除所售商品的购进价款计算。

第五条　违法提供服务的违法所得按违法提供服务的全部收入扣

除该项服务中所使用商品的购进价款计算。

4.7　R 某对起重机械事故拖延不报案

【案件要点】

在行政处罚中，除法律规范明确规定外，相对人的主观故意不是违法行为的构成要件，只要相对人未履行法律规定的义务即构成违法行为，应予追究行政责任。在特种设备行政处罚中，引入了"双罚制"，即既对责任单位实施行政处罚，也对责任单位的主要负责人予以行政处罚，以有效遏制违法行为的发生，执法人员应当严格执行。

4.7.1　案情简介

2012 年 10 月 12 日，乙区 C 公司内发生了一起起重机械操作不当致人受伤的特种设备事故，乙区局接报后成立了特种设备事故调查组，对事故进行调查。经调查发现，C 公司的总经理 R 某负责该单位的日常生产经营活动，2012 年 10 月 12 日发生事故后，副总经理 L 某向 R 某报告了事故情况，R 某因故未能赶赴事故现场，仅交代 L 某抓紧组织抢救伤员，并要求 L 某向劳动监察部门报告。2012 年 10 月 13 日，L 某拟向劳动监察部门报告，但因没有拨通电话，故未对事故情况进行报告，R 某在得知后，也未采取其他办法及时报告事故情况，直至乙区局接到其他工作人员的举报，其行为属于对特种设备事故拖延不报的违法行为。

4.7.2　处理结果

乙区局案审委员会审理后认为，C 公司主要负责人 R 某对特种设备事故拖延不报的行为，违反了《特种设备安全监察条例》第六十六条第一款的规定，依据《特种设备安全监察条例》第八十七条第二项

的规定，给予如下行政处罚：

（1）对 C 公司罚款 50000 元。

（2）对 C 公司的主要负责人 R 某罚款 4000 元。

4.7.3　案例分析

本案涉及对特种设备事故拖延不报的违法情形，其中，就拖延不报违法行为的构成及行政处罚"双罚制"适用的问题值得进一步深入探讨。

（1）拖延不报违法行为的构成

10 月 12 日，特种设备事故发生后，C 公司虽有向劳动监察部门打电话的事实行为，但最终未能完成事故的上报，对其行为是否属于拖延不报的违法行为，执法人员持有不同的观点。一种观点认为，C 公司及 R 某主观上不存在拖延不报的故意，事实上也有向劳动监察部门报告的行为，至于是否报告完成是客观原因造成的，不应该认定为拖延不报的违法行为。另一种观点认为，根据《特种设备安全监察条例》第六十六条，事故发生单位应当及时向事故发生地县以上特种设备安全监督管理部门和有关部门报告，R 某在事故发生后，向劳动监察部门报告，报告对象错误，且在得知未报告完成的情况下，未采取其他方式再次报告，导致行政机关滞后得知特种设备事故情况，主观上是一种放任的态度，属于拖延不报的违法行为。

乙区局案审委员会经审理后采取了第二种观点，理由在于：根据《特种设备安全监察条例》第六十六条，事故发生单位应当及时向事故发生地县以上特种设备安全监督管理部门和有关部门报告；根据《特种设备事故报告和调查处理规定》第十条，"事故发生单位的负责人接到报告后，应当于 1 小时内向事故发生地的县以上质量技术监督部门和有关部门报告"，上述规定明确事故发生单位有在规定期限内向管理部门报告的义务。本案中 R 某未在法定的 1 小时期限内上报，上报对象错误；且在明知未报告成功的情况下，不再次上报，客观上存在拖延不报的事实；虽然在事故发生的初期，其具有上报的主观意愿，但其迟迟不报的行为在主观心态上表现为放任或逃避，符合拖延不报违法行为的构成，应当对其拖延不报的违法行为予以查处。

（2）行政处罚"双罚制"的适用

"双罚制"又称为两罚制，作为一项法律责任制度，较早地产生于我国刑事法律责任体系中，是指在单位犯罪中既对单位判处罚金，又对其直接负责的主管人员和其他直接责任人员判处刑罚。鉴于"双罚制"能较好地遏制违法行为，发挥行政处罚的作用，目前有部分行政法律法规中引入了"双罚制"的处罚制度。《特种设备安全监察条例》第八十七条就采用了"双罚制"，对拖延不报、不立即组织抢救，擅离职守等违法行为，一方面对责任单位进行处罚，另一方面对事故单位的主要负责人也进行查处。如此规定的原因在于：无论法人还是组织，其成员都是由自然人组成的，其意志都是由自然人实施的；当一个组织在实施违法行为时，既表明该组织作为一个独立的整体在实施，同时也意味着其组织成员以自己的意志在实施违法行为，其对组织的违法行为负有不可推卸的责任，违法行为具有双重性。通过"双罚制"一方面可作为监管惩戒机制，加大违法成本；另一方面可作为守法责任传递机制，在驱动行为个体自律的同时，也倒逼组织自律，激发组织守法的内生动力。

在执法实践中，作为执法的依据，执法人员应当严格执行"双罚制"，但对于如何立案，执法人员存在不同的观点：一种观点认为，应该分别立案，分别处罚，一方面有利于执法人员在规范的执法文书上基于一个当事人就某一违法行为进行调查，另一方面也有利于降低行政风险；另一种观点认为，对责任单位和责任人的处罚是基于同一个违法行为，应该立一个案子，制作一份处罚决定书，一并处罚。《行政处罚法》中仅要求对违法行为进行查处，并未规定一案只能处罚一个当事人，因此，本案基于对"双罚制"的分析以及《特种设备安全监察条例》第八十七条第（二）项规定，该违法行为为"主要负责人对特种设备事故拖延不报"，即一个违法行为，导致对两个主题的行政处罚，故乙区局采纳了第二种观点，对 R 某涉嫌对特种设备事故拖延不报的行为立案，并同时对 C 公司和 R 某予以行政处罚。

4.7.4 相关法律规范

4.7.4.1 《特种设备安全监察条例》的相关条款

第八十七条第二项 发生特种设备事故，有下列情形之一的，对单位，由特种设备安全监督管理部门处 5 万元以上 20 万元以下罚款；对主要负责人，由特种设备安全监督管理部门处 4000 元以上 2 万元以下罚款；属于国家工作人员的，依法给予处分；触犯刑律的，依照刑法关于重大责任事故罪或者其他罪的规定，依法追究刑事责任：

特种设备使用单位的主要负责人对特种设备事故隐瞒不报、谎报或者拖延不报的。

4.7.4.2 《特种设备事故报告和调查处理规定》的相关条款

第十条 事故发生单位的负责人接到报告后，应当于 1 小时内向事故发生地的县以上质量技术监督部门和有关部门报告。

4.8 A 公司违反特种设备安全管理规定造成起重机械事故案

【案件要点】

造成特种设备事故的原因往往复杂多样，甚至有"多因一果"的可能。为了准确认定事故责任，应对案件进行全面调查，如有必要也应对设备本体的质量情况进行调查，以排除合理怀疑，准确认定事故原因。此外，法律、法规授权的具有公共事务管理职能的事业单位中除工勤人员以外的工作人员，如与案件有利害关系或其他关系不适合参与案件办理的，在履行职责时也应当遵守回避的要求，以保证调查程序和实体结果的公正。

4.8.1 案情简介

2010 年 4 月 10 日，甲区 A 公司一台轮胎起重机在吊运货物的过程中，根部吊臂架突然失稳折弯，起重臂端部坠地，造成一人重伤，直接经济损失约四十万元。甲区局接报后及时组织成立事故调查组展开事故调查，并委托 S 特种设备监督检验技术研究院（以下简称"特检院"）对事故原因进行技术鉴定。事故调查组认定该起事故属于因起重机作业人员违章超载所引发的特种设备一般事故。2010 年 6 月 24 日，《事故调查报告》经甲区人民政府批复后，由甲区局对事故的责任单位及相关责任者进行立案查处。经调查，A 公司违反特种设备安全管理规定导致特种设备一般事故的发生，其对事故的发生负有责任。

4.8.2 处理结果

甲区局案审委员会审理后认为，A 公司对特种设备事故的发生负有责任，其行为违反了《特种设备安全监察条例》第二十三条的规定，依据《特种设备安全监察条例》第八十八条第（一）项的规定，作出如下行政处罚：

罚款 100000 元。

2011 年 5 月 25 日，A 公司不服甲区局的行政处罚，向甲区人民法院提起行政诉讼，诉称事故技术鉴定未对起重机本体质量作判定，且组织鉴定中存在工作人员应回避而未回避的情况，处罚决定应予撤销。同年 8 月 19 日，甲区人民法院判决维持甲区局的处罚决定。8 月

29 日，A 公司不服一审判决，向市第二中级人民法院提起上诉。同年 11 月 15 日，市第二中级人民法院作出终审判决，驳回上诉，维持原判。此后，市第二中级人民法院向甲区局发出司法建议书，建议甲区局在特种事故调查中必须注意取证应排除合理怀疑的问题。

4.8.3 案例分析

本案办理历时两年，经历行政诉讼一审和二审，虽然执法部门在一审和二审中均获胜诉，总体办案质量经受住了考验，但是 A 公司在诉讼中提出的几点意见及法院的司法建议，值得深入探讨分析。

（1）关于特种设备本体质量的鉴定问题

A 公司诉称，S 特检院在没有对起重机本身质量出具鉴定报告的情况下，直接作出起重机超载的技术鉴定结论，将事故原因归结为超载是片面的，据此作出的行政处罚也是错误的。甲区局则认为，通过调查和技术鉴定已能够表明造成事故的直接原因是操作人员违章超载作业，间接原因则是 A 公司忽视对特种设备的安全管理，与起重机本身质量没有直接关联。但从法院的司法建议书中可以看出，甲区局的这一观点没有得到法院的完全支持。

客观而言，在特种设备事故中，造成事故的原因往往复杂多样，既有人的不安全行为，也有设备的不安全状况，可能存在"多因一果"的情况。以本案为例，即使 A 公司在行政程序中没有提出相关异议，但起重机的根部吊臂架突然失稳折弯，造成起重臂端部坠地，虽然可能是操作人员违章超载作业所导致，但也不能完全排除起重机本体质量缺陷，本案调查时没有对设备质量的进行调查，排除合理怀疑，有所疏忽。

（2）关于回避的问题

A 公司诉称，甲区局下属 K 特种设备检测所（以下简称"特检所"）人员 C 某曾参与涉案起重机的介绍买卖，对设备实施过定期检验，事故发生后又参与了事故现场的勘查鉴定，S 特检院的技术鉴定报告所附照片显示 C 某当时在现场测量角度，因此，该人员应当回避而没有回避，技术鉴定报告缺乏合法性。甲区局则认为，C 某应 A 公司的要求为其提供了起重机械的产品信息，并未直接参与产品价格谈判和买卖；此外，C 某是特种设备事故应急小组成员，在事发后应当第一时间赶到现场，但其并非事故调查组人员，也非技术勘察人员，现场角度的大小是事故调查组通过科学计算确定的，照片只是自行验证情况，对鉴定报告的合法性不产生影响。

根据《中华人民共和国公务员法》（以下简称《公务员法》）第一百零六条规定："法律、法规授权的具有公共事务管理职能的事业单位中除工勤人员以外的工作人员，经批准参照本法进行管理。"《特种设备事故调查处理导则》第三条也规定，"依据本导则开展特种设备事故调查处理工作，其委托的特种设备事故调查处理机构，可以承担事故调查处理的具体工作。"可见，甲区局特检所检测人员在事故现场开展工作属于行政行为，应当执行《公务员法》第七十条第三项对于"可能影响公正执行公务"的回避要求；C 某曾介绍设备买卖，并对涉案起重机械进行过定期检验，因此，不能作为事故的应急人员，更不能成为事故调查组的成员。虽然一审法院和二审法院认可了鉴定报告的法律效力，但回避是重要的程序性规定，未遵守程序规定作出的鉴定报告存在瑕疵。

此外，在司法建议书中，法院认为甲区局制作、收集的证据不符合法律规定、对当事人提出的申辩理由未予以足够重视，具体为：1）虽对事故现场及时进行了检查和勘察，但未按《特种设备事故调查处理导则》第二十四条的规定制作现场勘验笔录或绘制现场简图，致使事发后无法证明曾对现场开展调查工作以及勘察的相关事实；2）在调查的证据中，有两名执法人员在相同的时间段内分别对三名当事人进行询问，不符合证据调取的合法性要求，依法不能认定为有效证据；3）在行政处罚决定作出之前，A 公司曾对起重机的质量问题提出异议，认为引发事故的原因系因起重机质量不合格，但甲区局未对异议进行充分核实，致使事故原因认定结论的准确性不能达到排除合理怀疑的程度。对于司法部门的建议，行政机关应当及时予以回复，并在执法工作中逐一进行分析研究，增强执法人员的程序意识，加强对执法人员法律法规的培训，提高业务素质和调查取证的能力，并能举一反三，提高办案水平与能力。

4.8.4　相关法律规范

4.8.4.1　《特种设备安全监察条例》的相关条款

第二十三条　特种设备使用单位，应当严格执行本条例和有关安全生产的法律、行政法规的规定，保证特种设备的安全使用。

第八十八条第一项　对事故发生负有责任的单位，由特种设备安全监督管理部门依照下列规定处以罚款：

发生一般事故的，处 10 万元以上 20 万元以下罚款；

第四十七条　特种设备检验检测机构和检验检测人员不得从事特种设备的生产、销售，不得以其名义推荐或者监制、监销特种设备。

4.8.4.2　《特种设备事故调查处理导则》的相关条款

第三条　质量监督检验检疫总局（以下简称国家质监总局）和地方质量技术监督部门（以下统称负责组织事故调查的质检部门），依据本导则开展特种设备事故调查处理工作，其委托的特种设备事故调查处理机构，可以承担事故调查处理的具体工作。

4.8.4.3　《公务员法》的相关条款

第七十条第三项　公务员执行公务时，有下列情形之一的，应当回避：

其他可能影响公正执行公务的。

第一百零六条　法律、法规授权的具有公共事务管理职能的事业单位中除工勤人员以外的工作人员，经批准参照本法进行管理。

4.9 C公司违反特种设备安全管理规定造成电梯事故案

【案件要点】

特种设备事故查处时，对事故发生负有责任的单位的主要负责人是责任承担的主体。在确定主要负责人时，应结合案件的具体情况，将对特种设备相关工作负有全面管理和领导权力的个人认定为主要负责人。此外，行政机关在违法行为查处过程中，如发现违法行为可能涉刑的，应当及时移送司法机关，并保存相应凭证，以履行程序性要求，确保行刑有序衔接。

4.9.1 案情简介

2011年3月28日，C公司发生一起电梯事故，致1人死亡。乙区局根据《特种设备安全监察条例》规定，会同有关部门组成事故调查组开展调查，并于2011年6月17日形成《关于C公司"3·28"电梯事故调查处理情况报告》报乙区人民政府。事故调查报告认定：C公司未认真履行特种设备安全主体责任，未确认电梯安全状况即投入使用，对这起事故的发生负有责任；C公司工场长P某作为事故单位主要负责人承担责任，同时由于C公司设备科班长Y某，擅自短接电梯安全回路中的门锁回路，致使电梯轿厢能在门打开的情况下运行，是事故的直接责任人，建议由司法机关追究刑事责任。乙区局接区政法批复后对相关责任单位、责任人进行调查处理。

4.9.2 处理结果

乙区局案审委员会审理后认为，C公司违反特种设备安全管理规定，造成特种设备一般事故，违反了《特种设备安全监察条例》第二十三条规定，依据《特种设备安全监察条例》第八十八条第一项规定，给予如下行政处罚：

罚款 130000 元。

乙区局对 P 某作为事故单位主要负责人进行另案处罚，对 Y 某的违法行为移送司法机关追究刑事责任。

4.9.3 案例分析

本案办理过程中，涉及事故单位主要负责人的确定和涉刑犯罪人员移送等问题，值得进一步分析探讨。

（1）事故单位主要负责人的确定

C 公司是一家日资企业，在前期事故调查过程中，该公司出示了一份由法定代表人、董事长 D 某签署的聘任书，任命一位日本籍员工 F 某为 C 公司总经理，全面负责公司经营管理工作，同时，聘任书还显示，C 公司另一名中国籍的副总经理、工场长 P 某具体负责公司的生产管理。在确定事故单位的主要负责人时，执法人员有两种不同意见：一种意见认为，应按聘任书的授权，将总经理 F 某确定为主要负责人；另一种意见认为，应将具体负责公司日常生产管理的副总经理、工场长 P 某定为主要负责人。

虽然《特种设备安全监察条例》第八十九条规定："对事故发生负有责任的单位的主要负责人未依法履行职责，导致事故发生的……"，但对于何为事故单位的"主要负责人"，没有作出明确的解释。在安全生产领域，国家安全生产监督管理总局曾于 2006 年颁布《生产经营单位安全培训规定》，其中第三十三条将生产经营单位的主要负责人界定为"有限责任公司或者股份有限公司的董事长、总经理，其他生产经营单位的厂长、经理、（矿务局）局长、矿长（含实际控制人）等"。从查处违法行为、承担法律责任的角度来看，所谓主要负责人，应当是特定时间里企业单位中对安全工作负有全面管理和领导权力的个人。本案中，聘任书的授权内容反映 F 某和 P 某都具备主要负责人的构成条件，但从 C 公司聘任书的内容判断，应该是考虑到 F 某在语言沟通上存在问题，才专门任命副总经理 P 某担任工场长（"工场长"一词为日语直接引用过来，相当于中文中"厂长"的含义），主要负责该厂的日常生产安全管理，因此，乙区局在调查时将 P 某定为对事故发生负有责任单位的主要负责人。

（2）行刑衔接的程序

本案中，Y 某的违法行为直接导致了事故的发生，是事故的直接责任人，涉嫌构成重大责任事故罪。乙区局案审委员会审理后决定，对 Y 某的违法行为移送司法机关追究刑事责任，但在审理中有意见认为，事故调查组的成员包括公安机关、检察机关，在调查过程中，公安机关已经主动采取了刑事强制措施，乙区局在实施处罚后不需要按照行刑衔接的要求再履行对 Y 某违法行为的移送程序。该意见有一定的合理性，但行政处罚与刑罚责任承担的方式不同，行政机关对于在违法行为查处过程中遇到可能涉嫌违法的行为，有义务移送司法机关，一是能够督促公安机关及时启动立案程序；二是确保公安机关能够掌握与案件有关的全部材料；三是公安机关接收后仍有不立案退回材料的可能，一旦退回，质监部门仍需依法予以行政处罚。因此，进行移送更能确保行刑衔接保质保量地完成，也留存了必要书证，是行政机关履行职责的程序性要求。

4.9.4 相关法律规范

4.9.4.1 《特种设备安全监察条例》的相关条款

第二十三条 特种设备使用单位，应当严格执行本条例和有关安全生产的法律、行政法规的规定，保证特种设备的安全使用。

第八十八条第一项 对事故发生负有责任的单位，由特种设备安

全监督管理部门依照下列规定处以罚款：

发生一般事故的，处 10 万元以上 20 万元以下罚款；

第八十九条 对事故发生负有责任的单位的主要负责人未依法履行职责，导致事故发生的，由特种设备安全监督管理部门依照下列规定处以罚款；属于国家工作人员的，并依法给予处分；触犯刑律的，依照刑法关于重大责任事故罪或者其他罪的规定，依法追究刑事责任：

发生一般事故的，处上一年年收入 30% 的罚款；

4.9.4.2 《生产经营单位安全培训规定》的相关条款

第三十三条 生产经营单位主要负责人是指有限责任公司或者股份有限公司的董事长、总经理，其他生产经营单位的厂长、经理、（矿务局）局长、矿长（含实际控制人）等。

最高人民检察院关于印发《人民检察院直接受理的侵犯公民民主权利人身权利和渎职案件立案标准的规定》的通知（1989 年 11 月 30 日 [89] 高检发（法）字第 41 号）。

重大责任事故案（刑法第一百一十四条）工厂、矿山、林场、建筑企业或者其他企业、事业单位的职工，以及群众合作经营组织或个体经营户的从业人员，由于不服管理、违反规章制度，或者强令工人违章冒险作业，因而发生重大伤亡事故，或者造成重大经济损失，具有下列行为之一的，应予立案：

1. 致人死亡一人以上，或者致人重伤三人以上的。

4.10 D 公司违反特种设备安全管理规定造成电梯事故案

【案件要点】

在认定特种设备事故责任主体时，除要根据特种设备相关法律法规进行判定外，还应当结合其他法律规范进一步厘清法律关系，为准确实施行政处罚提供有力支撑。本案通过运用《中华人民共和国合同法》（简称《合同法》）、《中华人民共和国劳动合同法》（以下简称《劳动合同法》）等法律规范，对未签订维保合同的单位和未签订劳动合同的维保作业人员的法律身份作出界定，从而认定责任单位和责任主体。

4.10.1　案情简介

2012 年 2 月 22 日，乙区 B 小区 2 号电梯发生故障，一名电梯维修工在进行排除故障作业时，从停在 26 层的电梯轿厢顶部坠落井道底坑，当场死亡。经乙区事故调查组调查认定：这是一起因违章操作、安全生产主体责任未落实造成的特种设备责任事故。乙区局在乙区人民政府对事故调查报告做出批复后，对本案进行立案调查，查明 C 公司作为电梯维护保养单位，未按照安全技术规范要求开展电梯维护保养，对该起特种设备事故负主要责任。

4.10.2　处理结果

乙区局案审委员会审理后认为，C 公司作为电梯的维保单位违反相关安全管理规定的行为，违反了《特种设备安全监察条例》第十九条规定，根据《特种设备安全监察条例》第八十八条第（一）项的规定对其给予以下行政处罚：

罚款 110000 元。

4.10.3　案例分析

（1）作业人员未签订劳动合同情况下，能否以事实劳动关系认定责任单位

在本案办理过程中，C 公司曾提出：死者没有与 C 公司签订劳动

合同，不是 C 公司的员工，与该公司并无法律关系。执法人员经调查后发现：死者虽然没有与 C 公司签订劳动合同，但死者自 2010 年起一直代表 C 公司在 B 小区维修电梯，C 公司填写的电梯保养单上的员工也包括死者，死者家属也证明其工资收入由 C 公司发放。根据《劳动合同法》第七条规定："用人单位自用工之日起即与劳动者建立劳动关系。用人单位应当建立职工名册备查"，第十条规定："建立劳动关系，应当订立书面劳动合同。已建立劳动关系，未同时订立书面劳动合同的，应当自用工之日起一个月内订立书面劳动合同"；以及原劳动和社会保障部曾针对实践中有些用人单位招用劳动者不签订劳动合同的情形，发布《关于确立劳动关系有关事项的通知》，明确规定用人单位虽未与劳动者签订劳动合同，认定双方存在劳动关系时可参照下列凭证：1）工资支付凭证或记录（职工工资发放花名册）、缴纳各项社会保险费的记录；2）用人单位向劳动者发放的"工作证""服务证"等能够证明身份的证件；3）劳动者填写的用人单位招工招聘"登记表""报名表"等招用记录；4）考勤记录；5）其他劳动者的证言等。据此，虽然 C 公司违反法律规定未与死者签订劳动合同，但死者与 C 公司存在事实上的劳动关系，有证据认定其是 C 公司员工。此外，根据《最高人民法院关于审理人身损害赔偿案件适用法律若干问题的解释》第十一条规定，雇员在从事雇佣活动中遭受人身损害，雇主应当承担赔偿责任，而此次事故是由员工违章操作造成的，因此 C 公司是该次事故的责任单位。

（2）未签订电梯维保合同的情形下，能否将维保单位认定为责任主体

在本案处理过程中，C 公司曾提出，其与 B 小区物业公司签订的电梯维保合同到 2011 年底已到期，2012 年未续签维保合同，事故发生在 2012 年 2 月，C 公司对该起事故没有责任。

经调查，2011 年电梯维保合同到期后，C 公司虽然与物业公司未

续签维保合同，但是 C 公司的维保员工一直在正常维保 B 小区的电梯，填写电梯维保单，履行电梯维保义务，物业公司及小区群众也对 C 公司继续维保的事实予以认可。根据《合同法》第三十六条："法律、行政法规规定或者当事人约定采用书面形式订立合同，当事人未采用书面形式但一方已经履行主要义务，对方接受的，该合同成立"，第三十七条："采用合同书形式订立合同，在签字或者盖章之前，当事人一方已经履行主要义务，对方接受的，该合同成立"，由此可见，虽然 C 公司与物业公司未就 2012 年的电梯维保工作签订合同，但 C 公司实际对物业公司的涉案电梯进行着维保工作，物业公司事实上也接受维保行为，2012 年 C 公司与物业公司之间的维保合同成立，C 公司应当承担事故责任，是事故的责任主体。

4.10.4　相关法律规范

4.10.4.1　《劳动合同法》的相关条款

第七条　用人单位自用工之日起即与劳动者建立劳动关系。用人单位应当建立职工名册备查。

第十条　建立劳动关系，应当订立书面劳动合同。已建立劳动关系，未同时订立书面劳动合同的，应当自用工之日起一个月内订立书面劳动合同。

4.10.4.2　《合同法》的相关条款

第三十六条　法律、行政法规规定或者当事人约定采用书面形式订立合同，当事人未采用书面形式但一方已经履行主要义务，对方接受的，该合同成立。

第三十七条　采用合同书形式订立合同，在签字或者盖章之前，当事人一方已经履行主要义务，对方接受的，该合同成立。

附录 1　特种设备安全检查特殊事项

1.特种设备监督检查中发现下列情形之一的，需要当地人民政府和有关部门支持、配合的，监管部门应当及时以书面形式报告同级人民政府或者通知有关部门：

（1）拒绝接受检查的违法行为的；

（2）被检查单位对严重事故隐患不予整改或者消除的；

（3）出现应当查封、扣押的情形但由于连续性生产工艺及其他客观原因不能实施现场查封、扣押，按规定采取相关措施后暂不实施查封、扣押的；

（4）存在区域性或者普遍性的严重事故隐患的。

发现本条第（4）项情形的，应当及时书面报告上一级监管部门。

2.监督检查中发现依法应当撤销、吊销或者暂停许可的违法行为的，实施检查的监管部门应当及时向许可实施机关通报，并附相关证据材料复印件。

3.对特种设备出租单位的监督检查参照使用单位的监督检查规定实施。对特种设备销售和进口单位一般仅安排针对投诉举报开展的专项监督检查。

4.各部门可通过国家市场监管总局特种设备安全监察局网站上的"政策法规"栏目，了解特种设备安全监管方面的最新法律法规。网址为 http：//www.samr.gov.cn/tzsbj/zcfg/。

附录 2 特种设备违法行为行政处罚自由裁量基准实施细则

一、编写说明

1. 本裁量权基准实施细则的依据是《特种设备安全法》《特种设备安全监察条例》、国质检法〔2010〕720 号《质量监督检验检疫行政处罚裁量权适用规则》（以下简称《规则》）、上海市质量技术监督局《关于行政处罚裁量的若干意见》（以下简称《意见》）、《七省一市质量技术监督行政处罚裁量基准制度》等法律法规。

2. 本裁量基准实施细则将处罚幅度原则上分为三档：

（1）从轻处罚，是指在依法可以选择的几种可能的处罚种类中，选择较轻的处罚种类，或者在法定罚款幅度内，给予较轻的处罚，如给予 30% 及其以下的处罚。

（2）从重处罚，是指在依法可以选择的几种可能的处罚种类中，选择较重的处罚种类，或者在法定罚款幅度内，给予较重的处罚，如给予 70% 及其以上的处罚。

（3）一般处罚，是从轻处罚和从重处罚之间值。

罚款的计算见式（1）：

$$S = (A—B) \times q\%+B \quad\cdots\cdots\cdots\cdots\cdots\cdots（1）$$

式中：

S——罚款额；

A——法定罚款的最高限额；

B——法定罚款的最低限额；

$q\%$——决定采取的比率且应为介于 0 与 1 之间的实数（从轻处罚罚款时，$0 \leqslant q \leqslant 30$；从重处罚罚款时，$70 \leqslant q \leqslant 100$）。

根据有利于行政相对人的原则，本裁量基准实施细则在对最高罚款额为 3 万元以上的条款按 30% 和 70% 进行裁量时，产生的小数已进行了取整。

3. 本裁量基准实施细则中的"情节严重"通常是指有关单位的违法行为，采用的手段比较恶劣，埋藏了重大的事故隐患，或者有多次违法行为，拒不接受执法部门的监督检查等，由发证部门决定并实施吊销生产许可证的处罚。某些条款如对"情节严重"另有定义的，已在本裁量基准实施细则的相应条款中标明。

4. 本裁量基准实施细则是根据《特种设备安全法》的规定，结合日常监察工作实际情况，从违法设备的数量、违法行为的时间长度、违法行为造成的后果等角度对行政处罚自由裁量幅度进行细化。

《规则》和《意见》对符合从轻处罚、一般处罚和从重处罚的情形做出了原则性规定，如"配合行政机关查处违法行为有立功表现"应当从轻处罚；"违法行为受到行政处罚后两年内再次实施相同或相近违法行为的"应当从重处罚。

行使自由裁量权时，应同时考虑《规则》《意见》和本裁量基准实施细则规定的情形，合理、合法裁量。

5. 本裁量基准实施细则中"以下"皆含本数，"以上"皆不含本数。

二、特种设备违法行为行政处罚自由裁量基准实施细则

见附表 2-1。

附表 2-1 特种设备违法行为行政处罚自由裁量基准实施细则

编号	条款	法律依据	认定事实	处罚裁量	备注
1	《特种设备安全法》第七十四条	违反本法规定,未经许可从事特种设备生产活动的,责令停止生产,没收违法制造的特种设备,处十万元以上五十万元以下罚款;有违法所得的,没收违法所得;已经实施安装、改造、修理的,责令恢复原状或者限期由取得许可的单位重新安装、改造、修理	1. 设计活动尚未完成的,尚未交付设计文件的或承接设计的产品本身危险性较小的; 2. 尚未制造出产品的;非法制造的产品尚未交付使用的; 3. 非法安装、改造、修理的产品尚未交付使用的;	处 10 万元以上 22 万元以下罚款	
			1. 非法设计、制造、安装、改造、修理的产品数量较大的; 2. 所制造的产品具有明显安全隐患的; 3. 非法设计、制造、安装、改造的产品发生安全事故的; 4. 承接设计的产品本身危险性较大的;	处 22 万元以上 38 万元以下罚款	
			1. 设计活动已经完成并交付设计文件的;设计文件虽未交付使用,但设计的产品已被用于制造;非法制造的特种设备本身危险性较大的; 2. 非法设计、制造的产品已经销售的; 3. 非法安装、改造、修理的产品已经使用的;	处 38 万元以上 50 万元以下罚款	
2	《特种设备安全法》第七十五条	特种设备的设计文件未经鉴定,擅自用于制造的,责令改正,没收违法制造的特种设备,处五万元以上五十万元以下罚款	1. 尚未制造出成品的; 2. 所制造的特种设备尚未售出或投入使用的	处 5 万元以上 22 万元以下罚款	
			1. 已经制造出成品的; 2. 所制造的特种设备已经销售或投入使用的	处 22 万元以上 38 万元以下罚款	
			1. 所制造的特种设备种类和数量较多的; 2. 所制造的特种设备具有明显安全隐患的; 3. 所制造的特种设备发生安全事故的	处 38 万元以上 50 万元以下罚款	

编号	条款	法律依据	认定事实	处罚裁量	备注
3	《特种设备安全法》第七十六条	违反本法规定，未进行型式试验的，责令限期改正；逾期未改正的，处三万元以上三十万元以下罚款	产品或部件尚未售出或投入使用的	处3万元以上11万元以下罚款	
			产品或部件已经销售或投入使用的	处11万元以上22万元以下罚款	
			产品或部件投入使用后发生安全事故的	处22万元以上30万元以下罚款	
4	《特种设备安全法》第七十七条	违反本法规定，特种设备出厂时，未按照安全技术规范的要求随附相关技术资料和文件的，责令限期改正；逾期未改正的，责令停止制造、销售，处二万元以上二十万元以下罚款；有违法所得的，没收违法所得	1. 逾期未改正的间隔不超过30日的； 2. 涉及特种设备数量较少的； 3. 随附相关资料和文件缺少较少的	处2万元以上7万元以下罚款	
			1. 逾期未改正的间隔超过30日不超过60日的； 2. 涉及特种设备数量较多的； 3. 随附相关资料和文件缺少较多的	处7万元以上14万元以下罚款	
			1. 拒不改正的； 2. 涉及特种设备数量大的； 3. 涉及特种设备发生事故的	处14万元以上20万元以下罚款	

续表

编号	条款	法律依据	认定事实	处罚裁量	备注
5	《特种设备安全法》第七十八条	违反本法规定，特种设备安装、改造、修理的施工单位在施工前未书面告知负责特种设备安全监督管理的部门即行施工的，或者在验收后三十日内未将相关技术资料和文件移交特种设备使用单位的，责令限期改正；逾期未改正的，处一万元以上十万元以下罚款	逾期未改正时间30日以下，移交的有关技术资料内容真实完整，格式不符合要求的	处1万元以上3万元以下罚款	
			1. 逾期未改正时间30日以上60日以下的；2. 移交的有关技术资料内容，格式不符合要求的	处3万元以上7万元以下罚款	
			逾期未改正时间60日以上的	处7万元以上10万元以下罚款	
6	《特种设备安全法》第七十九条	违反本法规定，特种设备的制造、安装、改造、重大修理以及锅炉清洗过程，未经监督检验的，责令限期改正；逾期未改正的，处五万元以上二十万元以下罚款；有违法所得的，没收违法所得；情节严重的，吊销生产许可证	1. 逾期未改正时间超过30日不超过60日的；2. 产品已经出厂但尚未安装、使用时间较短且未发生安全事故的	处5万元以上9万元以下罚款	
			1. 逾期未改正时间超过30日不超过60日的；2. 产品已经实施安装、改造或者重大维修，超过限较长时间不进行监督检验，交付使用的特种设备种类或数量较多的；3. 安装、改造、重大维修过程未经监督检验，交付使用的	处9万元以上15万元以下罚款	
			1. 拒不改正的；2. 造成安全事故等严重后果的	处15万元以上20万元以下罚款	

编号	条款	法律依据	认定事实	处罚裁量	备注
7	《特种设备安全法》第八十条	违反本法规定，电梯制造单位有下列情形之一的，责令限期改正；逾期未改正的，处一万元以上十万元以下罚款： （一）未按照安全技术规范要求跟踪调查和了解其制造的电梯的安全运行情况，对电梯存在的严重事故隐患，未及时告知电梯使用单位并向负责特种设备安全监督管理的部门报告的； （二）对电梯进行校验、调试时，发现存在严重事故隐患，未及时告知电梯使用单位和负责特种设备安全监督管理的部门报告的	1. 逾期未改正的时间不超过 30 日的； 2. 未进行校验、调试的电梯数量较少的； 3. 未进行校验、调试的项目较少的； 4. 未告知电梯使用单位的	处 1 万元以上 3 万元以下罚款	
			1. 逾期未改正的时间超过 30 日不超过 60 日的； 2. 未进行校验、调试的电梯数量较大的； 3. 未进行校验、调试的项目较多的； 4. 未告知电梯使用单位且未向特种设备安全监督管理的部门报告的	处 3 万元以上 7 万元以下罚款	
			1. 拒不改正的； 2. 未进行校验、调试，调试的电梯数量调试的项目未告知的； 3. 发现存在严重隐患的电梯出现安全事故的	处 7 万元以上 10 万元以下罚款	
8	《特种设备安全法》第八十一条第一款	违反本法规定，特种设备生产单位有下列行为之一的，责令限期改正；逾期未改正的，责令停止生产，处五万元以上五十万元以下罚款；情节严重的，吊销生产许可证： （一）不再具备生产条件、生产许可证已经过期或者超出许可范围生产的； （二）明知特种设备存在同一性缺陷，未立即停止生产并召回的	1. 不具备生产条件项不超过 2 项的； 2. 生产许可证过期不超过 30 日的； 3. 超出许可证范围生产设备数量较少的； 4. 逾期未改正时间不超过 5 日的； 5. 同一性缺陷不属于设备本体或安全装置、安全附件的	处 5 万元以上 18 万元以下罚款	

注2 特种设备依法应当经过许可的生产、经营、使用……

编号	条款	法律依据	认定事实	处罚裁量	备注
8	《特种设备安全法》第八十一条第一款	违反本法规定，特种设备生产单位有下列行为之一的，责令限期改正；逾期未改正的，责令停止生产，处五十万元以下罚款；情节严重的，吊销生产许可证：（一）不再具备生产许可证规定的生产条件的；（二）明知特种设备存在同一性缺陷，未立即停止生产并召回的。	1.不具备生产条件项超过2项以上5项以下的；2.超出许可证范围超过30日以上60日以下的；3.超出许可证范围生产数量较多的；4.逾期未改正时间超过5日以上10日以下的；5.同一性缺陷属于设备本体或安全装置、安全附件的	处18万元以上36万元以下罚款	
			1.不具备生产条件项超过5项以上的；2.拒不改正的；3.超出许可范围生产的；4.逾期未改正时间超过10日以上的；5.同一性缺陷产品发生安全事故的	处36万元以上50万元以下罚款	
9	《特种设备安全法》第八十一条第二款	违反本法规定，特种设备生产单位生产、销售、交付国家明令淘汰的特种设备的，责令停止生产、销售，没收违法生产、销售、交付的特种设备，处三万元以上三十万元以下罚款；有违法所得的，没收违法所得	违法生产、销售、交付国家明令淘汰的特种设备数量5台以上15台以下的	处11万元以上22万元以下罚款	
			违法生产、销售、交付国家明令淘汰的特种设备数量5台以下的	处3万元以上11万元以下罚款	
			1.违法生产、销售、交付国家明令淘汰的特种设备数量15台以上的；2.违法生产、销售、交付国家明令淘汰的特种设备发生安全事故的	处22万元以上30万元以下罚款	

编号	条款	法律依据	认定事实	处罚裁量	备注
10	《特种设备安全法》第八十一条第三款	特种设备生产单位涂改、出租、出借、倒卖生产许可证的，责令停止生产，处五万元以上五十万元以下罚款；情节严重的，吊销生产许可证	1. 涂改、出租、出借生产许可证次数1次以上3次以下的，造成后果轻微的； 2. 出租、倒卖生产许可证货值金额5万元以下的 3. 积极配合调查，如实提供相关证据，并积极整改，消除造成后果的	处5万元以上18万元以下罚款	
			1. 涂改、出租、出借生产许可证次数3次以上的或造成严重后果； 2. 出租、倒卖生产许可证货值金额5万元以上15万元以下的；	处18万元以上36万元以下罚款	
			1. 涂改、出租、出借生产许可证造成安全事故的； 2. 出租、倒卖生产许可证货值金额15万元以上的； 3. 涂改、出租、出借生产许可证严重损害国家、社会或他人利益的； 4. 违法行为受到行政处罚后两年内再次实施相同或者相近违法行为的； 5. 以暴力、威胁方法阻碍行政执法人员依法履行职务的； 6. 提供伪证或拒不配合调查，提供相关证据的	处36万元以上50万元以下罚款	

续表

编号	条款	法律依据	认定事实	处罚裁量	备注
11	《特种设备安全法》第八十三条第一款	违反本法规定，特种设备经营单位有下列行为之一的，责令停止经营，没收违法经营的特种设备，处三万元以上三十万元以下罚款；有违法所得的，没收违法所得：（一）销售、出租未取得许可生产的特种设备的；（二）销售、出租国家明令淘汰、已经报废的特种设备，或者未按照安全技术规范的要求进行维护保养的特种设备的	1. 货值金额5万元以下的； 2. 违法行为持续时间较短的	处3万元以上11万元以下罚款	
			1. 货值金额5万元以上50万元以下的； 2. 违法行为持续时间长的（30日以上）	处11万元以上22万元以下罚款	
			1. 货值金额50万元以上的； 2. 同时具有2项以上违法情形的； 3. 造成安全事故的	处22万元以上30万元以下罚款	
12	《特种设备安全法》第八十三条第二款	违反本法规定，特种设备销售单位未建立检查验收和销售记录制度，或者进口特种设备未履行提前告知义务的，责令改正，处一万元以上十万元以下罚款	1. 未建立检查验收和销售记录制度，销售数量货值5万元以下的； 2. 进口特种设备未履行提前告知义务次数3次以下的	处1万元以上3万元以下罚款	

续表

编号	条款	法律依据	认定事实	处罚裁量	备注
12	《特种设备安全法》第八十二条第二款	违反本法规定，特种设备销售单位未建立检查验收和销售记录制度，或者进口特种设备销售未履行提前告知义务的，责令改正，处一万元以上十万元以下罚款	1. 未建立检查验收和销售记录制度，销售数量货值5万元以下的； 2. 进口特种设备未履行提前告知义务次数3次以上5万元以上的	处3万元以上7万元以下罚款	
			1. 未建立检查验收和销售记录制度，销售数量货值50万元以上的； 2. 进口特种设备未履行提前告知义务次数5次以上； 3. 未建立检查验收和销售记录制度，销售的设备存在严重安全隐患或造成安全事故的； 4. 进口特种设备未履行提前告知义务造成安全事故的	处7万元以上10万元以下罚款	
13	《特种设备安全法》第八十三条第三款	特种设备生产单位销售、交付未经检验或者检验不合格的特种设备的，依照本条第一款规定处罚；情节严重的，吊销生产许可证	1. 销售货值5万元以下的； 2. 交付使用时间较短的（30日以下）	处3万元以上11万元以下罚款	
			1. 销售货值金额5万元以上50万元以下的； 2. 交付使用时间长的（30日以上）；	处11万元以上22万元以下罚款	
			1. 销售货值50万元以上的； 2. 销售和交付使用的设备造成安全事故的	处22万元以上30万元以下罚款	

续表

编号	条款	法律依据	认定事实	处罚裁量	备注
14	《特种设备安全法》第八十三条	违反本法规定，特种设备使用单位有下列行为之一的，责令限期改正；逾期未改正的，责令停止使用有关特种设备，处一万元以上十万元以下罚款： （一）使用特种设备未按照规定办理使用登记的； （二）未建立特种设备安全技术档案或者安全技术档案不符合规定要求，或者未依法设置使用登记标志、定期检验标志的； （三）未对其使用的特种设备进行经常性维护保养和定期自行检查，或者未对特种设备的安全附件、安全保护装置进行定期校验、检修，并作出记录的； （四）未按照安全技术规范的要求及时申报并接受检验的； （五）未按照安全技术规范的要求进行锅炉水（介）质处理的； （六）未制定特种设备事故应急专项预案的	1. 逾期未改正时间15日以下的； 2. 未按照规定办理使用登记的特种设备数量5台以下的； 3. 未建立特种设备安全技术档案或者安全技术档案不符合规定要求，或者未依法设置使用登记标志、定期检验标志的特种设备数量5台以下的； 4. 未进行经常性维护保养和定期自行检查的特种设备5台以下的，或者未进行定期校验、检修的安全附件、安全保护装置5个以下的； 5. 未按照安全技术规范的要求及时申报并接受检验的特种设备数量5台以下的； 6. 未按照安全技术规范的要求进行锅炉水（介）质处理的次数5次以下的； 7. 未制定特种设备事故应急专项预案的特种设备类别2个以下的	处1万元以上3万元以下罚款	

编号	条款	法律依据	认定事实	处罚裁量	备注
14	《特种设备安全法》第八十三条	违反本法规定，特种设备使用单位有下列行为之一的，责令限期改正；逾期未改正的，责令停止使用有关特种设备，处一万元以上十万元以下罚款： （一）使用特种设备未按照规定办理使用登记的； （二）未建立特种设备安全技术档案或者安全技术档案不符合规定要求，或者未依法设置使用登记标志、定期检验标志的； （三）未对其使用的特种设备进行经常性维护保养和定期自行检查，或者未对其使用的特种设备进行定期校验、检修，并作出记录的； （四）未按照安全技术规范的要求及时申报并接受检验的； （五）未按照安全技术规范的要求进行锅炉水（介）质处理的； （六）未制定特种设备事故应急专项预案的	1. 逾期未改正时间15日以上30日以下的； 2. 未按照规定办理使用登记的特种设备数量5台以上10台以下的； 3. 未建立特种设备安全技术档案，或者未依法设置使用登记标志、定期检验标志的特种设备数量5台以上10台以下的； 4. 未进行经常性维护保养和定期自行检查的特种设备数量5台以上10台以下的； 5. 未按照安全技术规范和定期校验、检修的特种设备数量5台以上10台以下的； 6. 未按照安全技术规范的要求及时申报并接受检验的特种设备数量5台以上10台以下的； 7. 未制定特种设备事故应急专项预案的特种设备类别2个以上5个以下的； 8. 存在违法行为2项以上4项以下的	处3万元以上7万元以下罚款	

续表

编号	条款	法律依据	认定事实	处罚裁量	备注
14	《特种设备安全法》第八十三条	违反本法规定，特种设备使用单位有下列行为之一的，责令限期改正；逾期未改正的，责令停止使用有关特种设备，处一万元以上十万元以下罚款： （一）使用特种设备未按照规定办理使用登记的； （二）未建立特种设备安全技术档案或者安全技术档案不符合规定要求，或者未依法设置使用登记标志、定期检验标志的； （三）未对其使用的特种设备进行经常性维护保养和定期自行检查，或者未对其使用的特种设备的安全附件、安全保护装置进行定期校验、检修，并作出记录的； （四）未按照安全技术规范的要求及时申报并接受检验的； （五）未按照规定对锅炉水（介）质处理的； （六）未制定特种设备事故应急专项预案的	1. 逾期未改正时间30日以上的； 2. 未按照规定办理使用登记的特种设备数量10台以上的； 3. 未建立特种设备安全技术档案或者安全技术档案不符合规定要求，或者未依法设置使用登记标志、定期检验标志的特种设备数量10台以上的； 4. 未进行经常性维护保养和定期自行检查的特种设备数量10台以上的； 5. 未按照安全技术规范的要求及时申报并接受检验的特种设备数量10台以上的或未进行定期校验、检修的安全附件、安全保护装置10个以上的； 6. 未按照安全技术规范的要求进行锅炉水（介）质处理的次数10次以上的； 7. 未制定特种设备事故应急专项预案的特种设备类别5个以上的； 8. 存在违法行为4项以上6项以下的	处7万元以上10万元以下罚款	

编号	条款	法律依据	认定事实	处罚裁量	备注
15	《特种设备安全法》第八十四条	违反本法规定，特种设备使用单位有下列行为之一的，责令停止使用有关特种设备，处三万元以上三十万元以下罚款： （一）使用未取得许可生产，或者国家明令淘汰、已经报废的特种设备的； （二）特种设备出现故障或者发生异常情况，未对其进行全面检查，消除事故隐患，继续使用的； （三）特种设备存在严重事故隐患，无改造、修理价值，或者达到安全技术规范规定的其他报废条件，未依法履行报废义务，并办理使用登记证书注销手续的	1. 使用未取得许可生产，未经检验，检验不合格或者国家明令淘汰、已经报废的特种设备3台以下的； 2. 特种设备出现故障或者发生异常情况，未对其进行全面检查，消除事故隐患，继续使用的时间30日以下的； 3. 依法履行达到报废条件特种设备的报废义务，但未依法办理使用登记证书注销手续的时间30日以下的	处3万元以上11万元以下罚款	
			1. 使用未取得许可生产，未经检验，检验不合格或者国家明令淘汰、已经报废的特种设备3台以上的； 2. 特种设备出现故障或者发生异常情况，未对其进行全面检查，消除事故隐患，继续使用的时间10日以上30日以下的； 3. 达到报废条件的或依法办理使用登记证书注销手续的时间10日以上60日以下的； 4. 上述特种设备使用在人员密集场所的	处11万元以上22万元以下罚款	

编号	条款	法律依据	认定事实	处罚裁量	备注
15	《特种设备安全法》第八十四条	违反本法规定，特种设备使用单位有下列行为之一的，责令停止使用有关特种设备，处三万元以上三十万元以下罚款： （一）使用未取得许可生产，未经检验或者检验不合格的特种设备，或者国家明令淘汰、已经报废的特种设备的； （二）特种设备出现故障或者发生异常情况，未对其进行全面检查、消除事故隐患，继续使用的； （三）特种设备存在严重事故隐患，无改造、修理价值，或者达到安全技术规范规定的其他报废条件，未依法履行报废义务，并办理使用登记证书注销手续的	1. 使用未取得许可生产，未经检验，检验不合格或者国家明令淘汰、已经报废的特种设备 10 台以上的或者使用时间 60 日以上的； 2. 特种设备出现故障或者发生异常情况，未对其进行全面检查、消除事故隐患，继续使用时间 30 日以上的； 3. 达到报废条件的特种设备继续使用的或者使用时间 60 日以上的； 4. 上述特种设备发生安全事故的	处 22 万元以上 30 万元以下罚款	

续表

编号	条款	法律依据	认定事实	处罚裁量	备注
16	《特种设备安全法》第八十五条第一款	违反本法规定，移动式压力容器、气瓶充装单位有下列行为之一的，责令改正，处二万元以上二十万元以下罚款；情节严重的，吊销充装许可证。（一）未按照规定实施充装前后的检查、记录制度的；（二）对不符合安全技术规范要求的移动式压力容器和气瓶进行充装的	充装气瓶数量50瓶以下的	处2万元以上7万元以下罚款	
			充装气瓶数量50瓶以上的	处7万元以上14万元以下罚款	
			发生安全事故的	处14万元以上20万元以下罚款	
17	《特种设备安全法》第八十五条第二款	违反本法规定，未经许可，擅自从事移动式压力容器或者气瓶充装活动的，予以取缔，没收违法充装的气瓶，处十万元以上五十万元以下罚款；有违法所得的，没收违法所得	充装移动式压力容器或气瓶经检验合格且数量50瓶（个）以下的	处10万元以上22万元以下罚款	
			1.充装非自有气瓶的；2.充装移动式压力容器或气瓶经检验合格且数量50瓶（个）以上的	处22万元以上38万元以下罚款	
			1.充装未经定期检验或检验不合格气瓶的；2.充装的气瓶发生安全事故的	处38万元以上50万元以上	
				处50万元以上50万元以下罚款	

续表

编号	条款	法律依据	认定事实	处罚裁量	备注
18	《特种设备安全法》第八十六条	违反本法规定，特种设备生产、经营、使用单位有下列情形之一的，责令限期改正；逾期未改正的，责令停止使用有关特种设备或者停产停业整顿，处一万元以上五万元以下罚款：（一）未配备具有相应资格的特种设备安全管理人员、检测人员和作业人员的；（二）使用未取得相应资格的人员从事特种设备安全管理、检测和作业的；（三）未对特种设备安全管理人员、检测人员和作业人员进行安全教育和技能培训的	逾期未改正时间不超过30日的	处1万元以上2万元以下罚款	
			1. 同时具有2项以上违法情形的；2. 逾期未改正时间超过30日以上60日以下的	处2万元以上3万元以下罚款	
			1. 逾期未改正时间超过60日以上的；2. 发生事故的	处3万元以上5万元以下罚款	

续表

编号	条款	法律依据	认定事实	处罚裁量	备注
19	《特种设备安全法》第八十七条	违反本法规定，电梯、客运索道、大型游乐设施的运营使用单位有下列情形之一的，责令停产停业整顿，处二万元以上十万元以下罚款： （一）未设置特种设备安全管理机构或者配备专职的特种设备安全管理人员的； （二）客运索道、大型游乐设施每日投入使用前，未对安全附件和安全保护装置进行检查和例行安全检查，未对安全运行和例行安全检查，未进行检查的； （三）未将电梯、客运索道、大型游乐设施的安全注意事项和警示标志，安全注意事项和警示标志置于易于为乘客注意的显著位置的	1. 未设置特种设备安全管理机构或者配备专职的特种设备安全管理人员，逾期未改正时间30日以下的； 2. 客运索道、大型游乐设施每日投入使用前，未对安全附件和安全保护装置进行检查，逾期未改正时间30日以下的； 3. 未将电梯、客运索道、大型游乐设施的安全注意事项和警示标志置于易于为乘客注意的显著位置，逾期未改正时间5日以下的	处2万元以上4万元以下罚款	
			1. 未设置特种设备安全管理机构或者配备专职的特种设备安全管理人员，逾期未改正时间60日以下的； 2. 客运索道、大型游乐设施每日投入使用前，未对安全附件和安全保护装置进行检查，逾期未改正时间30日以上的； 3. 未将电梯、客运索道、大型游乐设施的安全注意事项和警示标志置于易于为乘客注意的显著位置，逾期未改正时间5日以上10日以下的	处4万元以上7万元以下罚款	

编号	条款	法律依据	认定事实	处罚裁量	备注
19	《特种设备安全法》第八十七条	违反本法规定，电梯、客运索道，大型游乐设施的运营使用单位有下列情形之一的，责令限期改正；逾期未改正的，责令停产停业整顿，处二万元以上十万元以下罚款： （一）未设置特种设备安全管理机构或者配备专职的特种设备安全管理人员的； （二）客运索道、大型游乐设施每日投入使用前，未对安全附件和安全保护装置进行检查确认的； （三）未将电梯、客运索道、大型游乐设施的安全注意事项和警示标志置于易为乘客注意的显著位置的	1. 设备发生事故的； 2. 未设置特种设备安全管理人员，逾期未改正时间60日以上的； 3. 客运索道、大型游乐设施每日投入使用前，未进行运行和例行安全检查，未对安全附件和安全保护装置进行检查确认，逾期未改正时间10日以上的； 4. 未将电梯、客运索道、大型游乐设施的安全注意事项和警示标志置于易为乘客注意的显著位置，逾期未改正时间10日以上的	处7万元以上10万以下罚款	

编号	条款	法律依据	认定事实	处罚裁量	备注
20	《特种设备安全法》第八十八条第一款	违反本法规定，未经许可，擅自从事电梯维护保养的，责令停止违法行为，处一万元以上十万元以下罚款；有违法所得的，没收违法所得	1. 未经许可从事特种设备的维修或者维护保养1次以下的； 2. 未经许可从事电梯维护保养的数量5台以下的； 3. 未经许可从事电梯维护保养的时间30日以下的	处1万元以上3万元以下罚款	
			1. 未经许可特种设备的维修或者维护保养3次以下的； 2. 未经许可从事电梯维护保养的数量5台以上10台以下的； 3. 未经许可从事电梯维护保养的时间30日以上90日以下的	处3万元以上7万元以下罚款	
			1. 未经许可从事特种设备的维修或者维护保养3次以上的（一个保养周期视为一次）； 2. 未经许可从事电梯维护保养的数量10台以上的； 3. 未经许可从事电梯维护保养的时间90日以上的； 4. 未经许可从事电梯维护保养，造成事故的	处7万元以上10万元以下罚款	
21	《特种设备安全法》第八十八条第二款	电梯的维护保养单位未按照本法规定以及安全技术规范的要求，进行电梯维护保养的，依照前款规定处罚	1. 违法时间短的，以分钟或小时为单位要求的，违法时间10分钟以下的；以日为单位要求的，违法时间30分钟以下的； 2. 违法次数2次以下的； 3. 违法项目2项以下的； 4. 造成后果较轻的	处1万元以上3万元以下罚款	

编号	条款	法律依据	认定事实	处罚裁量	备注
21	《特种设备安全法》第八十八条第二款	电梯的维护保养单位未按照本法规定以及安全技术规范的要求，进行电梯维护保养的，依照前款规定处罚	1. 违法时间短的，以分钟或小时为单位要求的，违法时间30分钟以上以60分钟以下；以日为单位要求的时间10日以上20日以下的； 2. 违法次数2次以上4次以下的； 3. 违法项目2项以上4项以下的； 4. 造成后果较严重的	处3万元以上7万元以下罚款	
			1. 违法时间短的，以分钟或小时为单位要求的，违法时间60分钟以上；以日为单位要求的，违法时间20日以上的； 2. 违法次数4次以上的； 3. 违法项目4项以上的； 4. 造成事故的	处7万元以上10万元以下罚款	
22	《特种设备安全法》第八十九条	发生特种设备事故，有下列情形之一的，对单位处五万元以上二十万元以下罚款；对主要负责人处上一年年收入百分之三十以上一万元以上五万元以下罚款：（一）发生特种设备事故时，不立即组织抢救或者在事故调查处理期间擅离职守或者逃匿的；（二）对特种设备事故迟报、谎报或者瞒报的	1. 属一般事故的； 2. 事故善后处理较好的； 3. 未发生其他次生事故的	对单位处5万元以上9万元以下罚款；对主要负责人处1万元以上2万元以下罚款	

续表

编号	条款	法律依据	认定事实	处罚裁量	备注
22	《特种设备安全法》第八十九条	发生特种设备事故，有下列情形之一的，对单位处五万元以上二十万元以下罚款；对主要负责人处一万元以上五万元以下罚款；对主要负责人属于国家工作人员的，并依法给予处分： （一）发生特种设备事故时，不立即组织抢救或者在事故调查处理期间擅离职守或者逃匿的； （二）对特种设备事故迟报、谎报或者瞒报的	1. 属较大事故的； 2. 事故善后处理一般的； 3. 造成事故调查较难的 1. 直接导致严重后果的； 2. 事故善后处理差的； 3. 造成事故调查艰难的	对单位处九万元以上15万元以下罚款；对主要负责人处2万元以上3万元以下罚款 对单位处15万元以上20万元以下罚款；对主要负责人处3万元以上5万元以下罚款	
23	《特种设备安全法》第九十条	发生事故，对负有责任的单位除要求其依法承担相应的赔偿等责任外，依照下列规定处以罚款： （一）发生一般事故，处十万元以上二十万元以下罚款； （二）发生较大事故，处二十万元以上五十万元以下罚款； （三）发生重大事故，处五十万元以上二百万元以下罚款	1. 发生3人以下重伤或者死亡1人的事故，或者300万元以下直接经济损失的； 2. 压力容器、压力管道有毒介质泄漏，造成500人以上3000人以下转移的； 3. 电梯新困滞留人员2小时以上5小时以下的； 4. 起重机械主要受力结构件折断或者起升机构坠落的未造成人员重伤的； 5. 客运索道高空滞留人员3.5小时以上6小时以下的； 6. 大型游乐设施高空滞留人员1小时以上4小时以下的	对单位处10万元以上13万元以下罚款	

续表

编号	条款	法律依据	认定事实	处罚裁量	备注
23	《特种设备安全法》第九十条	发生事故，对负有责任的单位除要求其依法承担相应的赔偿等责任外，依照下列规定处以罚款： （一）发生一般事故，处十万元以上二十万元以下罚款； （二）发生较大事故，处二十万元以上五十万元以下罚款； （三）发生重大事故，处五十万元以上二百万元以下罚款	1. 发生3人以上7人以下重伤或者死亡2人的事故，或者300万元以上700万元以下直接经济损失的； 2. 压力容器、压力管道有毒介质泄漏，造成3000人以上7000人以下转移的； 3. 电梯轿厢滞留人员5小时以上10小时以下的； 4. 起重机械主要受力结构件折断或者起升机构坠落的造成人员重伤的； 5. 客运索道高空滞留人员6小时以上9小时以下的； 6. 大型游乐设施高空滞留人员4小时以上8小时以下的	处13万元以上17万元以下罚款	
			1. 造成7人以上10人以下重伤或者死亡2人以上3人的事故，或者700万元以上1000万元以下直接经济损失的； 2. 压力容器、压力管道有毒介质泄漏，造成7000人以上10000人以上的； 3. 电梯轿厢滞留人员10小时以上的； 4. 起重机械主要受力结构件折断或者起升机构坠落的； 5. 客运索道高空滞留人员9小时以上12小时以下的； 6. 大型游乐设施高空滞留人员8小时以上12小时以下的	处17万元以上20万元以下罚款	

续表

编号	条款	法律依据	认定事实	处罚裁量	备注
23	《特种设备安全法》第九十条	发生事故，对负有责任的单位除要求其依法承担相应的赔偿等责任外，依照下列规定处以罚款：（一）发生一般事故，处十万元以上二十万元以下罚款；（二）发生较大事故，处二十万元以上五十万元以下罚款；（三）发生重大事故，处五十万元以上二百万元以下罚款	1. 造成3人以上5人以下死亡，或者10人以上30人以下重伤，或者2500万元以下直接经济损失的；2. 锅炉、压力容器、压力管道有毒介质泄漏，造成10000人以上20000人以下受伤的；3. 压力容器、压力管道爆炸的；4. 起重机械整体倾覆的；5. 客运索道、大型游乐设施高空滞留人员16小时以下的	处20万元以上30万元以下罚款	
			1. 造成5人以上8人以下死亡，或者10人以上40人以下重伤，或者2500万元以上4000万元以下直接经济损失的；2. 锅炉、压力容器、压力管道爆炸造成人员死亡的；3. 压力容器、压力管道有毒介质泄漏，造成20000人以上40000人以下受伤的；4. 起重机械整体倾覆造成人员死亡的；5. 客运索道、大型游乐设施高空滞留人员16小时以上24小时以下的	处30万元以上40万元以下罚款	

续表

编号	条款	法律依据	认定事实	处罚裁量	备注
23	《特种设备安全法》第九十条	发生事故，对负有责任的单位除要求其依法承担相应的赔偿等责任外，依照下列规定处以罚款： （一）发生一般事故，处十万元以上二十万元以下罚款； （二）发生较大事故，处二十万元以上五十万元以下罚款； （三）发生重大事故，处五十万元以上二百万元以下罚款	1. 造成8人以上10人以下死亡，或者40人以上50人以下重伤，或者4000万元以上5000万元以下直接经济损失的； 2. 锅炉、压力容器、压力管道爆炸造成人员死亡，其他事故情形有从重情节的。 3. 压力容器、压力管道有毒介质泄漏，造成40000人以上50000人以下转移； 4. 起重机械整体倾覆的造成人员死亡的； 5. 客运索道、大型游乐设施高空滞留人员24小时以上的	处40万元以上50万元以下罚款	
			1. 造成10人以上20人以下死亡，或者50人以上75人以下重伤，或者5000万元以上7500万元以下直接经济损失的； 2. 600兆瓦以上锅炉因安全故障中断运行240小时以上的； 3. 压力容器、压力管道有毒介质泄漏，造成5万人以上10万人以下转移的； 4. 客运索道、大型游乐设施高空滞留100人以上并且时间在24小时以上的36小时以下的	处50万元以上100万元以下罚款	

编号	条款	法律依据	认定事实	处罚裁量	备注
23	《特种设备安全法》第九十条	发生事故,对负有责任的单位除要求其依法承担相应的赔偿等责任外,依照下列规定处以罚款: (一)发生一般事故,处十万元以上二十万元以下罚款; (二)发生较大事故,处二十万元以上五十万元以下罚款; (三)发生重大事故,处五十万元以上二百万元以下罚款	1. 造成20人以上30人以下死亡,或者75人以上100人以下重伤,或者7500万元以上1亿元以下直接经济损失的; 2. 600兆瓦以上锅炉因安全故障中断运行480小时以上的; 3. 压力容器,压力管道有毒介质泄漏,造成10万人以上15万人以下转移的; 4. 客运索道,大型游乐设施高空滞留100人以上并且时间在36小时以上的48小时以下的	处100万元以上150万元以下罚款	
			造成比前述情形都要严重的特别重大事故的	处150万元以上200万元以下罚款	

续表

编号	条款	法律依据	认定事实	处罚裁量	备注
24	《特种设备安全监察条例》第九十三条第一款	违反本法规定，特种设备检验、检测机构及其检验、检测人员有下列行为之一的，责令改正，对机构处五万元以上二十万元以下罚款，对直接负责的主管人员和其他直接责任人员处五千元以上五万元以下罚款；情节严重的，吊销检验、检测机构资质和有关人员的资格： （一）未经核准或者超出核准范围，使用未取得相应资格的人员从事检验、检测的； （二）未按照安全技术规范的要求进行检验、检测的； （三）出具虚假的检验、检测结果和鉴定结论或者检验、检测结果和鉴定结论严重失实的； （四）发现特种设备存在严重事故隐患，未及时告知特种设备使用单位，并且未及时向特种设备安全监督管理部门报告的； （五）泄露检验、检测过程中知悉的商业秘密的； （六）从事有关特种设备的生产、经营活动的； （七）推荐或者监制、监销特种设备的； （八）利用检验工作故意刁难相关单位的	1. 未经核准或者超出核准范围，使用未取得相应资格的人员所涉特种设备数量较少，检验检测活动所涉进行检验、检测活动的时间较短或检验检测活动所涉特种设备数量较少的； 2. 未按照安全技术规范的要求进行检验、检测活动的时间较短或检验检测活动所涉特种设备数量较少的； 3. 出具一份虚假的检验检测结果、鉴定结论，未造成后果的； 4. 发现特种设备存在的严重事故隐患未及时告知特种设备使用单位且即向负责安全监督管理的部门报告的，无其他后果的； 5. 泄露检验、检测过程中知悉的商业秘密未造成影响或影响较小的； 6. 从事有关特种设备的生产、经营活动的时间较短相关的； 7. 推荐或者监制、监销特种设备的产品未售出或数量较少的； 8. 利用检验工作故意刁难相关单位的次数少或能主动消除影响的	处 5 万元以上 9 万元以下罚款，对直接负责的主管人员和其他直接责任人员处 5000 元以上 1 万元以下罚款	

编号	条款	法律依据	认定事实	处罚裁量	备注
24	《特种设备安全监察条例》第九十三条第一款	违反本法规定，特种设备检验、检测机构及其检验、检测人员有下列行为之一的，对其直接负责的主管人员和其他直接责任人员处五千元以上五万元以下罚款，对检测机构处五万元以上二十万元以下罚款，责令改正： （一）未经核准或者超出核准范围，使用未取得相应资格的人员从事检验、检测的； （二）未按照安全技术规范要求进行检验、检测的； （三）出具虚假的检验、检测结果和鉴定结论或者检验、检测结果和鉴定结论严重失实的； （四）发现特种设备存在严重事故隐患，未及时告知相关单位并立即向负责特种设备安全监督管理的部门报告的； （五）从事特种设备的生产、经营活动的； （六）泄露商业秘密的； （七）推荐或者监制、监销特种设备的； （八）利用检验工作故意刁难相关单位的；	1. 未经核准或者超出核准范围，使用未取得相应资格的人员从事检验、检测活动所涉特种设备数量较多的； 2. 未按照安全技术规范的要求进行检验、检测活动的时间较长或者检验活动时间较长或检测活动所涉特种设备数量较多； 3. 出具虚假的检验检测结果、鉴定结论1分以上5分以下的； 4. 发现特种设备存在严重事故隐患未及时告知相关单位的时间较长的或是2次以上5次以下的； 5. 泄露检验、检测过程中知悉的商业秘密，造成经济损失50万元以下的； 6. 从事有关特种设备的生产、经营活动的时间较长的； 7. 推荐或者监制、监销特种设备的产品并参与生产的日未产生危害后果的； 8. 利用检验工作故意刁难相关单位的次数2次以上5次以下或产生不良后果的	对直接负责的主管人员和其他直接责任人员处1万元以上3万元以下罚款 处9万元以上15万元以下罚款	

编号	条款	法律依据	认定事实	处罚裁量	备注
24	《特种设备安全监察条例》第九十三条第一款	违反本法规定，特种设备检验、检测机构及其检验、检测人员有下列行为之一的，责令改正，对单位处五万元以上二十万元以下罚款，对直接负责的主管人员和其他直接责任人员处一万元以上五万元以下罚款；情节严重的，吊销机构和相关人员的资格：（一）未经核准或者超出核准范围，使用未取得相应资格的人员从事检验、检测的；（二）未按照安全技术规范的要求进行检验、检测的；（三）出具虚假的检验、检测结果和鉴定结论或者检验、检测结果和鉴定结论严重失实的；（四）发现特种设备存在严重事故隐患，未及时告知相关单位，并立即向负责特种设备安全监督管理的部门报告的；（五）泄露检验过程中知悉的商业秘密的；（六）从事有关特种设备的生产、经营活动的；（七）推荐、监制、监销特种设备的；（八）利用检验工作故意刁难相关单位的	1. 未经核准或者超出核准范围，使用未取得相应资格的人员从事检验、检测的或检验检测活动所涉特种设备数量或检验检测活动涉及特种设备数量大的；2. 未按照特种设备安全技术规范的要求进行检验检测活动时间长的或检测所涉特种设备数量大的或检验检测活动涉及特种设备数量大的；3. 检验检测机构出具5份以上不正当理由或接受贿赂，伪造检验检测结果或出具虚假和编造的检验检测结论的；4. 发现特种设备存在严重事故隐患未及时告知相关单位的时间较长的或是5次以上的；5. 泄露检验、检测过程中知悉的商业秘密的，造成经济损失50万元以上的；6. 从事有关特种设备的生产、经营活动的时间长或者特种设备数量大的；7. 推荐、监制、监销3次以上的；向社会推荐或者监制、监销重大的；难以在短时间内消除的；8. 利用检验工作故意刁难相关单位的次数5次以上或产生社会影响大的	处15万元以上20万元以下款，对直接负责的主管人员和其他直接责任人员处3万元以上5万元以下罚款	

续表

编号	条款	法律依据	认定事实	处罚裁量	备注
25	《特种设备安全法》第九十三条第二款	检测机构的检验、特种设备检验、检测人员同时在两个以上检验、检测机构中执业的，处五千元以上五万元以下罚款；情节严重的，吊销其资格	1. 违法时间 30 日以下的； 2. 检验、检测特种设备数量 50 台以下的	处 5000 元以上 1 万元以下罚款	
			1. 违法时间 30 日以上 60 日以下的； 2. 检验、检测特种设备数量 50 台以上 100 台以下的	处 1 万元以上 3 万元以下罚款	
			1. 违法时间 60 日以上； 2. 检验、检测特种设备数量 100 台以上的； 3. 检验、检测的特种设备发生事故的	处 3 万元以上 5 万元以下罚款	
26	《特种设备安全法》第九十五条第一款	违反本法规定，特种设备生产、经营、使用单位或者检验、检测机构拒不接受特种设备安全监督管理部门依法实施的监督检查的，责令停产停业整顿，处二万元以上二十万元以下罚款	1. 逾期未改正时间 3 日以下的； 2. 经说服教育后能够主动配合安全监察的	处 2 万元以上 7 万元以下罚款	
			1. 逾期未改正时间 3 日以上 5 日以下； 2. 经说服教育后仍拒不接受安全监察，影响恶劣的	处 7 万元以上 14 万元以下罚款	
			1. 逾期未改正时间 5 日以上； 2. 相关设备发生事故的	处 14 万元以上 20 万元以下罚款	

编号	条款	法律依据	认定事实	处罚裁量	备注
27	《特种设备安全法》第九十五条第二款	特种设备生产、经营、使用单位自动用、调换、转移、损毁被查封、扣押的特种设备或者其主要部件的，责令改正，处五万元以上二十万元以下罚款；情节严重的，吊销生产许可证，注销特种设备使用登记证书	主动将被动用、调换、转移、损毁被查封、扣押的特种设备或者其主要部件恢复原状的	处 5 万元以上 9 万元以下罚款	
			拒不或不能将被动用、调换、转移、损毁被查封、扣押的特种设备或者其主要部件恢复原状的	处 9 万元以上 15 万元以下罚款	
			拒不或不能将被动用、调换、转移、损毁被查封、扣押的特种设备或者其主要部件恢复原状的，物品转移、变卖或使用后造成进一步危害后果的	处 15 万元以上 20 万元以下罚款，情节严重的，撤销其相应资格